在家学做
人气烤箱菜

甘智荣 主编

江西科学技术出版社

图书在版编目（ＣＩＰ）数据

在家学做人气烤箱菜 / 甘智荣主编. -- 南昌 ：江西科学技术出版社，2017.10（2023.7重印）
ISBN 978-7-5390-5661-6

Ⅰ．①在… Ⅱ．①甘… Ⅲ．①电烤箱－菜谱 Ⅳ.①TS972.129.2

中国版本图书馆CIP数据核字 (2017) 第217854号

选题序号：ZK2017216
责任编辑：周楚倩

在家学做人气烤箱菜

ZAIJIA XUEZUO RENQI KAOXIANGCAI

甘智荣　主编

出　　版	江西科学技术出版社	
社　　址	南昌市蓼洲街2号附1号	
	邮编：330009　电话：（0791）86623491　86639342（传真）	
发　　行	全国新华书店	
印　　刷	三河市九洲财鑫印刷有限公司	
尺　　寸	173mm×243mm　1/16	
字　　数	160 千字	
印　　张	14	
版　　次	2017年10月第1版　2023年7月第2次印刷	
书　　号	ISBN 978-7-5390-5661-6	
定　　价	39.80元	

赣版权登字：-03-2017-305

序言
preface

那些年，我们可以临时搭建一个灶台，堆上柴火，
等篝火熊熊生起，
然后在柴火灰之下埋入喜欢的红薯、土豆、玉米等食物。
几个小伙伴围在火堆旁，睁大眼睛等待美味出炉，
待食物烤好后，我们顾不上柴火灰的脏污，
顾不上食物的热烫，左手换右手，将食物送入嘴中，
不停地呼呼……那是过往我们最喜欢的美味，
那是跟传统的炒、焖、煮不一样的味道。

难忘过去，难忘曾经的味道。
后来我们从书本上得知，
原来烤是最能激发食材香味的烹饪方式，
怪不得谁也拒绝不了这一口美味。
如今，我们再想吃到这些烤的食物，就变得轻而易举。
只要在家，一台烤箱，几样食材，
我们随时都能烤出曾经的那般味道。

烤箱菜就是一种如此神奇的美味，
只要开动起家里的烤箱，就可以烤制出特色美味菜肴。
操作简单，做出的食物通常香气扑鼻，越来越受人们喜爱。
这本书不仅仅适合对烤箱一窍不通的新手，
它对于已能熟练使用烤箱的人来说，
也是非常实用的一本书籍。
本书菜色丰富，能让您不用再为了想新菜色而抓破脑袋，
节省每天待在厨房烹饪食物的时间；
本书简单易懂，让您的家人也能参与做菜，
能使您充分享受与家人相处的幸福时光。

书中为新手介绍了家庭常用烤箱的类型和烤箱的使用、
注意事项还有烤箱菜的烹饪技法。
为美食爱好者提供了各式美味烤箱菜，
其中包括缤纷菌菇蔬果、百搭花式主食、升级海底美味、
无肉不欢烤肉和简易烘焙小点等美味呈现。

试想，中餐、西餐、中点、西点以及各种零食小吃，
均能在一台烤箱之中诞生，这是一件让吃货觉得多么幸福的事。

目录
contents

part **①** 烤箱那些事

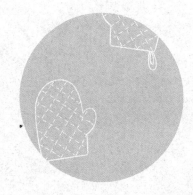

part 4 无肉不欢烤肉

part 5 花样百搭主食

part 6 简易烘焙小点

part 1
烤箱那些事

你真的了解你家的烤箱吗？
不要再让烤箱只是个摆设，
今天让我们叫醒小家电，
用烤箱烤出美味。
本章教你玩转烤箱，
了解烤箱那些事！

家庭烤箱类型及选购窍门

家庭烤箱类型：家用烤箱分为台式小烤箱和嵌入式烤箱两种。

●台式小烤箱

台式小烤箱好处在于非常灵活，可以根据需要选择不同配置的烤箱。台式小烤箱使用方便，有不少消费者都会选择此类烤箱。此外，台式小烤箱的价位会因其配置的不同而不同，这也满足了不同消费阶层的家庭的需求。

●嵌入式烤箱

嵌入式烤箱是小烤箱的升级和终极版。因为其功率较大、烘烤速度快、密封性好（一般采用橡胶垫条密封）、隔热性好（三层钢化玻璃隔热）、温控准确，受到越来越多人的喜爱。

选购窍门

① 使用频率

电烤箱通常分为三控自动型（定时、调温、调功率）、控温定时型和普通简易型。对于一般家庭来说，选用控温定时型已经足够，因为此类型的功能较齐全，性价比较高。假如是喜欢烘烤类食物，经常需要使用不同烘烤烹饪方式的家庭，则可以选用档次较高的三控自动型，此类产品各类烘烤功能俱全。对于只是偶尔烘烤食品的家庭来说，普通简易型是"入门级"的产品。

② 食物分量

电烤箱的容量一般是从 9 升到 60 升不等（家用），所以选择容量规格时必须要充分考虑买电烤箱的用途。假如只是用来给一家三口烤面包之类，9 至 12 升的就足够。需要提醒的是，电烤箱并不是功率越低越好，高功率电烤箱升温速度快、热能损耗少，反而会比较省电。家用电烤箱一般应选择 1000 瓦以上的产品。

③ 内外品质

一台好的电烤箱，首先外观应该做到密封良好，这样才能减少热量散失。而电烤箱内部烧烤盘、烧烤架位越多越好。电烤箱是温度骤变大的电器，所以要求烤箱用料厚实安全。烤箱材料质量高的产品需要采用两层玻璃。中高档的产品至少应该有 3 个烤盘位置，能分别接近上火、接近下火和位于中部。此外，烤箱内部是否便于清洁也是考察的重点。

烤箱的使用注意事项及清理方法

1 正确放置烤箱

烤箱应放置在平稳隔热的水平桌面上。烤箱的四周要预留足够的空间，保证烤箱距离四周的物品至少有 10 厘米远。烤箱的顶部不能放置任何物品，以免其在运作过程中产生不良影响。

2 准确控制烤温

在烘烤食物时，要注意准确控制烤箱的温度，以免影响成品效果。以烘烤蛋糕为例：一般情况下，蛋糕的体积越大，烘焙所需的温度越低，烘焙所需的时间越长。相信只要多加练习，您一定能掌控好烤箱的温度。

3 注意隔热勿烫伤

放入或取出烤盘时，都一定要使用工具或是隔热手套，切勿用手直接触碰烤盘或烤制好的食物，以免烫伤。此外，开关烤箱门时也要格外小心，烤箱的外壳及玻璃门也很烫，注意别被烫伤。

清理方法

1 及时清理

最好在每次使用完烤箱后，就对烤箱进行清洁，否则，污垢存在的时间越久就越难去除，而且也会影响烤箱下一次的烘烤效果。此外，油垢在温热状态下较易清除，所以可以趁烤箱还有余温时以干布擦拭，也可以在烤盘上加水，以中温加热数分钟后使烤箱内部充满温热水汽，再擦拭可轻松去除油垢。

2 避免损伤

在清洁烤箱时，一定要先断开电源，拔掉插头，并等烤箱完全冷却后，再用中性清洗剂清洗包括烤架和烤盘在内的所有附件。最后，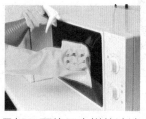用浸过清洁剂的柔软湿布清洁烤箱表面即可。建议您在清洁的时候，最好不要使用尖锐的清洁工具，以免损伤烤盘的不沾涂层。

3 巧用锡箔纸

烤网上若是有烧焦的污垢，可以利用锡箔纸的摩擦力来刷除。但是需要记得，在使用锡箔纸来作为清洁工具之前，要先将其搓揉过后再使用，因为这样可以增加锡箔纸的摩擦力，刷除效果更显著。

清理
方法

4 清理电线

若是要清洁烤箱的电线，您只需要戴上尼龙手套，手套粘上少量的牙膏，用手指直接搓擦电线，再用抹布擦拭干净就可以了。

5 清理加热管

需要特别注意的是，烤箱的加热管一般不进行清洗。如果加热管上面沾了油污，烤箱会在加热时散发出异味。所以，当您在使用烤箱时闻到了异味，再用柔软的湿布将加热管擦拭干净也不迟。

6 除异味

若烤箱内残留油烟味，可放入咖啡渣加热数分钟，即可去除异味。

烤箱美食不可或缺的**百搭酱料**

沙茶腌肉酱

原料： 蒜头适量

调料： 沙茶酱、酱油、砂糖各适量，米酒25毫升，
黑胡椒粉15克

做法：

1. 将备好的蒜头剥去外衣，洗干净。
2. 将蒜头用刀剁成末。
3. 将所有用料混合搅拌均匀即可。

家常烤肉酱

原料： 蒜头20克，白芝麻8克

调料： 沙茶酱30克，白糖15克，酱油50毫升，
淀粉8克

做法：

1. 将白芝麻倒入锅中炒香，磨碎。
2. 将所有用料加适量水搅拌均匀，装入锅中，置
于火上烧开即可。

麻辣烤肉酱

原料： 大葱10克，大蒜15克，花椒适量

调料： 红油、辣椒粉、白糖、芝麻油、酱油各
适量

做法：

1. 将大葱、大蒜洗净切末。
2. 蒜末与花椒煸炒出香味。
3. 煸炒的材料再加其他用料混合均匀即可。

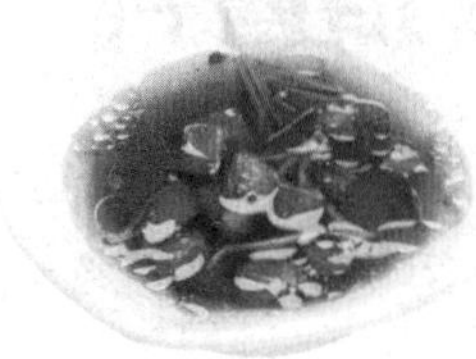

辣味迷迭香酱

原料：西红柿 60 克，辣椒圈 8 克，迷迭香 10 克

调料：香醋 10 毫升，蜂蜜 20 克

做法：

1. 将西红柿切成丁状，倒入碗中，加入剩余的用料。
2. 将所有用料搅拌均匀。

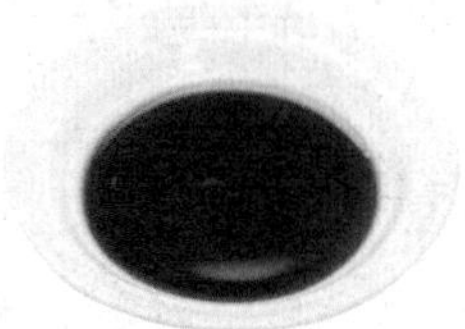

照烧酱汁

原料：酱油 50 毫升，清酒 25 毫升

调料：白糖 20 克

做法：

1. 将所有用料混合均匀。
2. 倒入锅中慢慢熬煮至白糖全部融化即可。

沙嗲酱

原料：花干淀粉 20 克

调料：白糖、辣椒酱各适量，柠檬汁 15 毫升

做法：

1. 取玻璃碗，倒入白糖、辣椒酱、花干淀粉、柠檬汁。
2. 将所有用料混合均匀。

椰香串烤腌酱

原料：红葱头 30 克，蒜头 20 克，椰奶 50 毫升

调料：白糖 6 克，胡椒粉 3 克

做法：

1. 将红葱头、蒜头洗净；洗净的红葱头、蒜头剁成末。
2. 将所有用料混合均匀。

柠檬串烤酱

原料： 朝天椒、九层塔各 1 克，姜 10 克，香菜 15 克，蒜头 10 克

调料： 鱼露 25 克，糖 8 克，柠檬汁 20 毫升

做法：

1. 朝天椒、九层塔洗净切碎；姜、香菜、蒜头洗净切末。
2. 将所有用料混合均匀即可。

烧烤鱼酱

原料： 胡萝卜、西红柿各适量

调料： 鸡精、砂糖各 3 克，味噌、酱油、米酒、柠檬汁各适量

做法：

1. 将胡萝卜、西红柿洗净，切片。
2. 将所有用料拌匀即可。

烤茄子酱

原料： 大蒜、葱各 15 克，高汤 50 毫升

调料： 盐 2 克，白醋、酱油各 10 毫升，食用油适量

做法：

1. 大蒜去皮洗净切末；葱洗净切花。
2. 油锅烧热，入蒜末炒香，再倒入高汤烧开。
3. 调入盐、白醋、酱油，撒上葱花即可。

海鲜酱

原料： 虾肉、白芝麻、红椒、蒜各适量

调料： 糖 8 克，鱼露 6 克，罗望子汁、柠檬汁、
虾酱、辣味酱、辣椒粉各适量

做法：

1. 虾肉切末；红椒切圈。
2. 取玻璃碗，倒入原料与调料，混合均匀即可。

芝麻酱

原料： 小苏打 10 克，玉米粉 15 克，芝麻适量

调料： 盐、黑胡椒粉、生抽、糖、米酒各适量

做法：

1. 取一玻璃碗，倒入原料与调料。
2. 将所有用料混合，搅拌均匀即可。

沙拉酱

原料： 鸡蛋 50 克

调料： 细砂糖 50 克，食用油 200 毫升，白醋
适量

做法：

1. 玻璃碗中倒入鸡蛋、细砂糖，用电动搅拌器
搅匀，倒入食用油，持续打发。
2. 倒入白醋，搅拌使食材混合均匀即可。

新手零基础学做烤箱菜

使用烤箱的操作步骤

1. 将待烘烤的食品放入烤盘内。

2. 插上电源插头，将转换开关，拧至满负荷档，即上下加热同时通电，并将调温器拧至所需的温度位置。经过一定时间，指示灯熄灭，表示烤箱已达到预热温度。

3. 用隔热手套将已放有待烘烤食品的烤盘放进烤箱内，关上烤箱门。

4. 需要自动定时控制时，将定时器拧至预定的烘烤时间；若不需要自动定时控制，则将定时器拧至"长接"的位置。

5. 烘烤过程中应随时观察食品各部分受热是否均匀，必要时用隔热手套将烤盘调转方向。

6. 当烘烤到达预定时间内，将转换开关、调温器转回"关"位置，拔去电源插头，取出食品即可。

烤箱料理
零失败的
技巧

1
高温空烤去异味

新购买的或是长时间闲置的烤箱，可在使用前通过高温空烤来去除烤箱内的异味。高温空烤步骤如下：用干净柔软的湿布把烤箱内外擦拭一遍，等烤箱完全干燥后，将烤箱门打开，上下火全开，将烤箱上下管温度调至最高，空烤15分钟后即可正常使用。高温空烤期间，会出现烤箱冒烟、散出异味的现象，这都是正常的。

2
预热烤箱利烘烤

在使用烤箱烘烤任何食品之前，都需要先将烤箱预热。由于烘烤的食物不同，所需预热的温度及时间也不同。在烘烤鸡、鸭等大件、水分多的食物时，预热温度可选高些，选在250℃左右，预热时间可控制在15分钟；在烘烤花生米、芝麻等颗粒小、水分少的食物时，预热温度可选低些，预热时间可控制在5~8分钟。实际操作时可根据食材性状来灵活调整预热时间，比如，带壳的花生预热时间可适当延长。

3
烤箱余热巧利用

在烤箱断电后的2~3分钟内，烤箱内的温度还会继续上升，这样会影响到本来烘烤适度的食物的成品效果。因此，我们若是能巧加利用烤箱的余热，根据食材的性状来适当减少其烘烤时间，用烤箱的余热把食物烤好，这样不仅可以省电，还能烤出美味的食物。

**烤箱新手
常见问题**

烤箱在加热时，有时候会发出声响，这正常吗？

> 烤箱外壳或内部元器件由于热膨胀的关系而发出声响，这一般出现在烤箱预热的过程中，当烤箱的温度稳定以后就不会响了。

烤箱的加热管一会儿亮起一会儿灭掉，是怎么回事？

> 烤箱在加热时，烤箱的加热管会发红、亮起，烤箱内的温度会上升。当箱内温度上升到一定程度时，加热管就会停止工作、变暗；当箱内温度逐渐降到某个范围时，加热管就会重新加热。因此，在加热管一会儿亮起一会儿灭掉的过程中，烤箱内的温度始终保持在设定的范围内。

按照食谱所给的时温来烘烤食物，但成品效果却不一样，这是为什么？

> 首先，食物的数量与薄厚程度都会影响到它的烘烤时间；其次，家用烤箱的温度存在误差，食谱的温度仅供参考。因此，您还需要根据食物及自家烤箱的实际情况来控制时间和温度。

新手掌控不好食物烘烤的温度和时间，如何解决？

附上常用的食物烘烤温度及烘烤时间：

50℃——食物保温、面团发酵

100℃——各类酥饼、曲奇饼、蛋挞

150℃——酥角、蛋糕

200℃——面包、煎饺、花生、烙饼

250℃——各类扒、叉烧、烧肉、鱼、烤鸭

10~20 分钟——饼、桃酥、串烧肉

12~15 分钟——面包、烙饼、排骨

15~20 分钟——各类酥饼、烤花生

20~25 分钟——牛扒、蛋糕、鸡翅

25~30 分钟——鸡、鸭、烧肉

30~35 分钟——红烧鱼

料理烤箱菜的小帮手

【烤网】

01 通常烤箱都会附带烤网，烤网不仅可以用来烤鸡翅、肉串，也可以作为面包、蛋糕的冷却架。

【烤盘】

02 烤盘一般是长方形的，钢制或铁制的都有，可用来烤蛋糕卷、做方形蛋糕等，也可用来做苏打饼、方形披萨以及饼干。

【玻璃碗】

03 玻璃碗是指玻璃材质的碗，主要用来打发鸡蛋，搅拌面粉、糖、油和水等。制作西点时，至少要准备两个以上的玻璃碗。

【量匙】

04 量匙通常是金属或者不锈钢材质的，是圆状或椭圆状带有小柄的一种浅勺，主要用来盛液体或者少量、细碎的物体。

【量杯】

05 一般的量杯杯壁上都有容量标示，可以用来量取水、奶油等材料。

【毛刷】

06 主要用来刷油、刷蛋液以及刷去蛋糕屑等的工具。在烘烤食物之前，用毛刷在食物表层刷一层液体，可以帮助食物上色。

【烘焙纸】

07 烘焙纸耐高温，可以垫在烤盘底部，这样既能避免食物粘盘，方便清洗烤盘，又能保证食物的干净卫生。

【锡纸】

08 锡纸又称铝箔纸，可用来垫在烤盘上防粘，也可包裹食物。如金针菇等必须用锡纸包着来烤，传热快的同时散热均匀，可以避免烤焦。且用锡纸包着烤海鲜，可减少营养、水分的流失，保留食物的鲜味。

【竹签】

09 竹签主要用来穿串食物。可选购稍长一些的竹签，以免在取出食物时烫伤手。

【电子秤】

10 电子秤又称为电子计量秤，在西点制作中，用于称量各式各样的粉类（如面粉、抹茶粉等）、细砂糖等需要准确称量的材料。

【隔热手套】

11 隔热手套是能够阻隔、防止各种形式的高温热度对手造成伤害的防护性手套。使用隔热手套来拿取烤盘，能防止手被烫伤。

【擀面杖】

12 擀面杖是西点制作中常常使用到的一种工具，它呈圆柱形，能够通过在平面上滚动来挤压面团等可塑性食品原料。无论是制作面包或者是手作饼干，擀面杖都是不可或缺的。

烘烤前的准备工作

1 配方说明 完整阅读

在开始烘焙之前，应仔细阅读整个配方说明，包括制作的方式、配料、工具和步骤，可以读 2~3 遍，确保每一点都很清晰。因为烘焙的所有步骤都是需要操作精确的，所以在开始前熟悉配方相当重要。

2 和工具 准备所需配料

看完配方说明，就要准备原料和工具，接着再检查一次，看是否所有材料都准备充足。如果制作中途才发现有以后的原料或工具未准备，势必会影响到成品的最终效果。

3 室温状态 让配料变回

配方说明上经常要求黄油和鸡蛋是室温状态的。所以，在拿到原料后应放置几小时，让其解冻至室温状态，此外也可以将黄油磨碎，从而使黄油变回室温状态。

4 烤盘 准备适合的

如果配方中要求烤盘铺上烘焙纸，那就必须按步骤来做。铺上烘焙纸的烤盘可以防止饼干或蛋糕烤焦、粘锅、裂开，还能简化之后的烤盘清洁工作。

part2
缤纷菌菇蔬果

本章节大量美味的菌菇蔬果清新来袭，
既有甜蜜可口的各式烤水果，
也有清甜的烤蔬菜，
更有嫩滑的烤菌菇。
让这缤纷的菌菇蔬果
带你置身于美妙的大自然之中，
用独特的味道感受自然。

香烤杂菇

材料 金针菇 80 克　　蒜末 10 克
　　　蟹味菇 100 克　　葱花 10 克
　　　白玉菇 100 克

调料 盐 3 克
　　　鸡粉 3 克
　　　黑胡椒粉 3 克
　　　食用油适量

制作指导
白玉菇味道鲜美，在烹饪时可少加鸡粉，保持原汁原味。

做法

1. 蟹味菇去根；白玉菇去根；金针菇去根。

2. 沸水锅中倒入白玉菇、蟹味菇、金针菇，焯煮至断生。

3. 将食材捞出放入盘中待用。

4. 往食材中倒入蒜末、葱花。

5. 加入盐、食用油、黑胡椒粉、鸡粉，拌匀。

6. 将拌匀的食材铺放在铺有锡纸的烤盘上。

7. 备好一个电烤箱，将烤盘放入其中。

8. 关上箱门，将上下火温度调至 180℃，时间设置为 10 分钟。

9. 打开箱门，将烤好的食材盛入盘中即可。

芝士焗奶油蘑菇

材料 口蘑 50 克 面粉 10 克
香菇 40 克 芝士片 1 片
平菇 20 克 淡奶油 6 克
黄油 6 克

调料 鸡粉 2 克
盐适量

制作指导
奶油汤不宜煮得太浓稠，以免影响口感。

做法

1. 洗净的口蘑切成片；平菇切大块；香菇去蒂，切条状。

2. 黄油倒入锅中，烧至融化。

3. 倒入口蘑、香菇、平菇，翻炒至软，加入面粉，快速翻炒。

4. 注入适量的清水，搅拌匀，煮至开。倒入淡奶油，搅拌片刻，续煮 5 分钟。

5. 加入盐、鸡粉，搅匀调味。

6. 关火后将煮好的食材盛出装入盘中，摆放上备好的芝士片，装入烤箱。

7. 关上箱门，将上火温度调至 180℃，下火温度调至 150℃，烤 8 分钟至食材熟透即可。

烤金针菇

制作指导
可添加少许的肉末与金针菇一起烤制。

材料 金针菇 100 克
蒜末少许
葱花少许

调料 盐 2 克
孜然粉 5 克
生抽 5 毫升
蚝油少许
食用油适量

做法

1. 洗净的金针菇切去根部，再用手掰散。
2. 取一碗，放入金针菇、葱花、蒜末，加入盐、生抽、蚝油、食用油、孜然粉。
3. 用筷子将碗中的材料搅拌均匀，待用。
4. 烤盘中铺上锡纸，刷上食用油，放入拌好的金针菇，铺匀。
5. 打开烤箱门，将铺匀金针菇的烤盘放入烤箱中。
6. 关好箱门，将上下火温度调至 150℃，烤 15 分钟至金针菇熟。
7. 打开箱门，取出烤盘，将烤好的金针菇放入盘中即可。

烤香菇

制作指导

喜欢辣口味的话，可以撒入适量的辣椒粉。

材料 香菇100克
蒜末少许

调料 盐1克
黑胡椒粉5克
食用油适量

做法

1. 洗好的香菇切上十字花刀。
2. 备好烤箱，取出烤盘，放上切好花刀的香菇。
3. 香菇上放入蒜末，刷上食用油，撒上盐、黑胡椒粉。
4. 打开箱门，将烤盘放入烤箱中。
5. 关好箱门，将上下火温度调至220℃，选择"双管发热"功能，烤15分钟即可。

串烤芋头

制作指导

芋头不要切得太大，否则不易熟透。

材料 去皮芋头 320 克

调料 盐 3 克
鸡粉 3 克
生抽 3 毫升
蚝油 20 克
食用油适量

做法

1. 将芋头切片装碗，放入盐、鸡粉、生抽、蚝油，搅拌均匀。

2. 将芋头用竹签串起来，待用。

3. 烤盘上铺上锡纸，刷上一层油，放上芋头串，推入烤箱。

4. 关上烤箱门，将温度调为 200℃，选择"双管发热"，烤 15 分钟即可。

烤红薯

材料 红薯 210 克

制作指导
可用锡纸包住红薯再放入烤箱烤制，以防外皮被烤焦。

做法

1. 将红薯洗净，放入烤盘。
2. 打开箱门，将烤盘放入烤箱中。
3. 关好箱门，将上火温度调至 200℃，选择"双管发热"功能，再将下火温度调至 180℃，烤 1 小时至红薯熟软。
4. 打开箱门，取出烤盘，将烤好的红薯摆好盘即可。

芝士焗红薯

③ ④ ⑥ ⑦

材料 红薯 150 克
芝士片 1 片
黄油 20 克
牛奶 50 毫升

做法

1. 将洗净的红薯均匀地切成片，放在一旁待用。

2. 蒸锅注适量清水烧开，放入切好的红薯。

3. 盖上锅盖，调转旋钮定时蒸 15 分钟；待时间到掀开盖，将红薯取出。

4. 将蒸好的红薯装入保鲜袋，用擀面杖将红薯压成泥。

5. 将制好的红薯泥装入碗中，放入黄油、牛奶，拌匀。

6. 再铺上备好的芝士片，放入烤盘，推入烤箱。

7. 关上箱门，上火温度调 160℃，选定"双管加热"功能，下火温度调 160℃，定时 10 分钟即可。

黑椒土豆泥

③ ⑤ ⑥ ⑦

材料 土豆 100 克
芝士片 1 片
火腿 40 克
牛奶 200 毫升

调料 盐 2 克
黑胡椒适量

做法

1. 将洗净去皮的土豆对半切开，切成片；备好的火腿切粒。

2. 电蒸锅注水烧开，放入切好的土豆片。

3. 盖上锅盖，调转旋钮定时蒸 15 分钟；待时间到揭开盖，将土豆取出。

4. 土豆放入保鲜袋内，用擀面杖压成泥。

5. 土豆泥装入碗中，放入盐、黑胡椒，再放入火腿、牛奶，搅拌均匀。

6. 将拌好的土豆泥装入另外备好的碗中，铺上芝士片，放在烤盘上，推入烤箱。

7. 关上门，上火调 200℃，选定"双管加热"功能，下火调 200℃，定时烤 20 分钟即可。

制作指导

煮土豆时要用筷子戳一下来查看熟烂程度才行.

双味风琴烤土豆

材料 土豆 200 克
胡萝卜 30 克
西芹 10 克
培根 12 克
洋葱 20 克

调料 盐 3 克
白糖 5 克
奥尔良烤翅酱 2 克
食用油适量

③
⑧
⑪
⑫

做法

1. 洗净的胡萝卜、西芹、洋葱切碎；培根切粒。
2. 奶锅注入适量的清水，大火烧热。
3. 倒入土豆，加入盐、白糖，拌匀。
4. 加盖，大火煮开后转小火煮 20 分钟。
5. 揭盖，将煮熟的土豆捞出，沥干。
6. 热锅注油烧热，倒入培根，翻炒香。
7. 再倒入西芹、洋葱、胡萝卜，翻炒均匀。
8. 加适量奥尔良烤翅酱，翻炒片刻至入味。
9. 将炒好的食材盛出，待用。
10. 将煮熟的土豆用小刀对半切开，放在锡纸上。
11. 把炒好的食材放在土豆上，再放上奥尔良烤翅酱。
12. 将土豆放入烤盘中，将烤盘装入烤箱。
13. 关箱门，将上下火温度调至 150℃，烤 10 分钟即可。

烤土豆条

制作指导

炒完的土豆可用厨房纸吸走多余油分，减少油腻感。

材料 去皮土豆 180 克
干辣椒 10 克
葱段少许
花椒少许

调料 盐、鸡粉各 1 克
孜然粉 5 克
生抽 5 毫升
食用油适量

做法

1. 洗好的土豆切片，改切成条。
2. 用油起锅，倒入花椒、干辣椒、葱段，爆香。
3. 倒入切好的土豆，翻炒均匀，加入生抽、盐、鸡粉、孜然粉。
4. 注入少许清水，炒约 2 分钟至入味，盛出装入烤盘中，待用。
5. 备好烤箱，放入烤盘。
6. 上、下火温度均调至 200℃，功能选择上调至"单管发热"，时间调至"5"，烤 5 分钟至土豆熟透。
7. 从烤箱中取出烤盘，将烤好的土豆装盘即可。

烤南瓜

材料 南瓜 200 克

调料 玉桂粉 3 克
黄油 50 克
盐 2 克
食用油适量

制作指导
南瓜皮的营养很丰富，可以不用切掉。

做法

1. 将洗净的南瓜切成扇形，去瓤，装碗，均匀地抹上盐。
2. 将融化的黄油放入南瓜中，倒入适量玉桂粉，抹匀，腌渍一会儿至其入味。
3. 在铺有锡纸的烤盘上刷一层食用油。
4. 将腌渍好的南瓜放上烤盘。
5. 备好烤箱，放入烤盘，将烤箱温度调成上下火 250℃，烤 20 分钟至熟。

芝士五彩烤南瓜盅

制作指导

南瓜不要去皮，这样烤完后才能保持硬度，不易变形。

材料 南瓜盅 1 个
酱豆干粒少许
胡萝卜粒少许
圆椒粒少许
彩椒粒少许
心里美萝卜粒少许

调料 盐 3 克
鸡粉 2 克
黄油适量
芝士粉适量

做法

1. 将炒锅置于火上，倒入适量黄油。

2. 放入酱豆干粒、胡萝卜粒、心里美萝卜粒、彩椒粒、圆椒粒。

3. 撒入盐、鸡粉，翻炒 1 分钟至食材入味，装入碗中。

4. 将炒好的食材倒入备好的南瓜盅内。

5. 向南瓜盅内均匀地撒入适量的芝士粉，再放入烤盘。

6. 将烤箱温度调成上火 220℃、下火 220℃。

7. 把烤盘放入烤箱中，烤 8 分钟至熟。

8. 从烤箱中取出烤盘，将南瓜盅装盘即可。

XO 酱烤茭白

制作指导
茭白上的刀花最好切得深一些，烤的时候更易入味。

🍴 **材料** 茭白160克

🥄 **调料** 盐少许
XO酱30克

🍴 做法

1. 将洗净去皮的茭白切去头尾，改切长方块，再切上刀花。

2. 烤盘中铺好锡纸，摆好切好的茭白，推入预热好的烤箱中。

3. 关好箱门，将上下火温度调为200℃，选择"双管发热"功能，烤15分钟至食材断生。

4. 打开箱门，取出烤盘，刷上XO酱，撒上盐。

5. 将烤盘再次推入烤箱中，关好箱门，烤约3分钟，至食材入味。

烤西葫芦串

制作指导
烤箱温度根据
自家烤箱来定，
烘烤的时候要
随时观察。

材料 西葫芦 130 克

调料 食用油适量
烧烤汁 20 毫升

做法

1. 将洗净的西葫芦用刀切成均匀的片状。

2. 用竹签将西葫芦片串成串。

3. 往铺上锡纸的烤盘中摆放上西葫芦串。

4. 往西葫芦串上刷上适量的食用油。

5. 再刷上适量的烧烤汁。

6. 备好电烤箱，打开箱门，将烤盘放入其中。

7. 关箱门，将温度调至 170℃，时间设置为 5 分钟，烤制即可。

番茄酱烤茄子

材料 茄子 100 克
洋葱 50 克
罗勒 3 克
蒜末 15 克

调料 生抽 5 毫升　　黑胡椒粉适量
食用油适量　　番茄酱 20 克
盐少许
橄榄油适量

> **制作指导**
> 可以根据自己的口味调整酱料的用量。

做法

1. 将处理好的洋葱切成丝，再细细切碎。

2. 将洗净的茄子对半切开，划上网格花刀。

3. 取小碗，放入洋葱、蒜末、罗勒、番茄酱。

4. 再撒上盐、橄榄油、黑胡椒粉，搅拌均匀制成酱料。

5. 烤盘铺上锡纸，刷上食用油，放入茄子。

6. 往茄子上倒入酱料，淋上生抽。

7. 备好烤箱，放入烤盘，关上门，温度调为 220℃，定时烤 25 分钟即可。

盐烤秋葵

材料 秋葵 170 克

调料 盐 2 克
黑胡椒粉少许
橄榄油适量

制作指导

焯煮秋葵时，可加入少许盐，能改善口感。

做法

1. 将洗净的秋葵斜刀切段。

2. 锅中注入适量清水烧开，倒入切好的秋葵。

3. 拌匀，焯煮一会儿，捞出材料，沥干水分，待用。

4. 烤盘中铺好锡纸，倒入焯过水的秋葵。

5. 再加入盐、黑胡椒粉，淋上橄榄油，拌匀后将烤盘推入预热好的烤箱内。

6. 关好箱门，调上下火温度为180℃，选择"双管发热"功能，烤20分钟至食材熟透。

烤韭菜

制作指导

喜欢吃辣的，可以多放点辣椒粉。

材料 韭菜 90 克

调料 盐 2 克
孜然粉 2 克
辣椒粉 5 克
椒盐粉 5 克
食用油适量

做法

1. 用竹签将韭菜从根部串起来。
2. 烤盘中放上锡纸，放入串好的韭菜，两面分别刷上食用油，撒上椒盐粉、盐、孜然粉、辣椒粉。
3. 取烤箱，放入烤盘。
4. 关好箱门，将上火温度调至 180℃，选择"双管发热"功能，再将下火温度调至 180℃，烤 5 分钟至韭菜熟。
5. 打开箱门，取出烤盘，将烤好的韭菜装入盘中即可。

豆腐蔬菜杯

材料 豆腐 100 克
南瓜 50 克
洋葱 50 克
胡萝卜 40 克
鸡蛋 1 个

调料 橄榄油各适量
盐、胡椒粉各少许

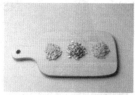

做法

1. 洗净的南瓜、胡萝卜、洋葱均切成小粒。
2. 将豆腐装入碗中，捣成泥。
3. 加入盐、胡椒粉调味。
4. 豆腐泥中放入南瓜。
5. 再放入洋葱。
6. 最后放入胡萝卜，打一个鸡蛋，搅匀。
7. 在容器上涂抹橄榄油。
8. 再加入搅拌好的豆腐泥。
9. 置于已预热的烤箱中层，以 180℃烤 10~15 分钟。

①
⑥
⑦
⑨

烤蔬菜卷

制作指导
蔬菜种类和调料种类可以随个人喜好选择。

材料 小葱 25 克
香菜 30 克
豆皮 170 克
生菜 160 克

调料 辣椒粉 15 克
泰式辣鸡酱 25 克
盐 1 克
孜然粉 5 克
生抽 5 毫升
食用油适量

做法

1. 洗净的豆皮修齐成正方形状。

2. 洗好的生菜切丝，香菜切段，小葱切段。

3. 取一碗，加入泰式辣鸡酱、辣椒粉、孜然粉、盐、生抽、食用油拌匀，制成调味酱。

4. 往豆皮上刷上一层调味酱，放上小葱段、香菜丝、生菜丝，卷成卷，依次串在竹签上。

5. 将豆皮卷两面分别均匀地刷上调味酱，放在烤盘中。

6. 将烤盘放入烤箱，将上火温度调至 150℃，选择"双管发热"功能，再将下火温度调至 150℃，烤 20 分钟至熟。

7. 打开箱门，取出烤盘，将烤好的蔬菜卷放入盘中即可。

韩式烤蔬菜什锦

制作指导

什蔬需要切得只量薄点，才能均匀地将其烤熟。

材料 口蘑 95 克
圆椒 50 克
红彩椒 50 克
黄彩椒 50 克
玉米火腿肠 60 克
花生仁 200 克
白芝麻 30 克

调料 盐 1 克
胡椒粉 2 克
辣椒面 30 克

做法

1. 洗净的黄彩椒、圆椒、红彩椒、口蘑、玉米火腿肠切小块。
2. 预热好榨油机，依次倒入花生仁、白芝麻，分别榨出花生油和芝麻油，待用。
3. 用竹签将彩椒、圆椒、口蘑和玉米火腿串好，制成什蔬串，刷上榨好的花生油。
4. 取出电陶炉，放上烤盘，铺上锡纸，按下"开关"键，将温度设为 200℃。在锡纸上刷上一层芝麻油，放上备好的什蔬串，烤约 2 分钟至五成熟。
5. 在什蔬串上均匀撒上辣椒面、盐、胡椒粉，烤制片刻至熟透。
6. 将烤好的什蔬串装盘即可。

蛋香烤杂蔬

制作指导

在焯煮蔬菜的时候可以加入适量的食粉，这样颜色更加美观。

②　⑤　⑦　⑧

材料 西蓝花 80 克
紫甘蓝 30 克
西葫芦 30 克
鸡蛋 40 克
蒜末 10 克

调料 橄榄油适量
盐 3 克
黑胡椒粉 3 克

做法

1. 将西葫芦切块；西蓝花切朵；紫甘蓝切小块。
2. 往备好的碗中放入西蓝花、紫甘蓝、西葫芦、蒜末、橄榄油，拌匀。
3. 将鸡蛋打散，加入盐、黑胡椒粉，拌匀。
4. 将拌匀入味的食材摆放在烤盘中待用。
5. 备好烤箱，打开箱门，放入烤盘。
6. 关上箱门，将上下火温度调至 220℃，时间设置为 10 分钟，开始烤制。
7. 取出烤盘，往食材上淋上鸡蛋液。
8. 打开箱门，再次将烤盘放入其中。
9. 关上箱门，续烤 5 分钟直至食材熟透即可。

奶汁烤大白菜

④ ⑥ ⑦ ⑧

材料 大白菜 250 克　　面粉 30 克
黄油 30 克　　　　姜片 5 克
水发冬菇 40 克　　蒜末 5 克
猪肉片 40 克　　　牛奶 250 毫升

调料 料酒 5 毫升
盐 3 克
鸡粉 3 克
食用油适量

做法

1. 将洗净的大白菜斜刀切成片；冬菇去柄，对半切开。

2. 热锅注油烧热，倒入猪肉片炒至变色。

3. 倒入姜片、蒜末，加入料酒，炒匀。

4. 倒入冬菇、大白菜，翻炒匀；注入适量的清水，加盐、鸡粉，炒匀；盛入盘中待用。

5. 热锅中倒入黄油，加热至融化。

6. 再放入面粉，注入牛奶，充分拌匀制成汤汁。

7. 将锅里制作好的汤汁盛出，淋在备好的食材上。

8. 将食材放入预热好的烤箱中，上下管温度调至 180℃，烤 15 分钟即可。

时蔬烤彩椒

材料 黄彩椒 70 克
去皮胡萝卜 30 克
黄瓜 30 克
香菇 30 克
去皮冬笋 50 克
香菜 5 克

调料 盐 3 克
鸡粉 3 克
黑胡椒粉 3 克
食用油适量
沙拉酱适量

⑥
⑧
⑩
⑪

做法

1. 洗净的黄彩椒对半切开，去籽。

2. 洗净的黄瓜对半切开，切片，切条，改切成丁。

3. 处理好的冬笋切厚片，改切成丁。

4. 洗净的香菇去柄，切条，改切成丁。

5. 胡萝卜对半切开，改切成丁。

6. 沸水锅中倒入冬笋、香菇、胡萝卜，焯煮至断生。

7. 将焯煮好的食材捞出放入碗中待用。

8. 往碗中倒入黄瓜、盐、鸡粉、黑胡椒粉、食用油，拌匀。

9. 备好烤盘，放入黄彩椒。

10. 将拌匀的食材取适量倒入黄彩椒里面。

11. 备好烤箱，放入烤盘。

12. 将烤箱温度调至 80℃，时间调至 10 分钟，开始烤制。

13. 取烤好的食材装盘，挤上沙拉酱，放上香菜即可。

奶酪嫩烤芦笋

材料 芦笋 150 克
奶酪 60 克

调料 盐 4 克
食用油适量

制作指导
如果喜欢奶酪浓醇的香味，可适当增加奶酪的用量。

做法

1. 将洗净的芦笋去皮，切成长段；备好的奶酪切成条，改切小块。

2. 锅中倒入适量清水，放入盐，拌匀煮开。

3. 倒入芦笋，淋入食用油，拌匀，续煮约 4 分钟至熟透。

4. 捞出煮好的芦笋，装入盘中。

5. 将奶酪块撒在芦笋上，将烤盘装入烤箱。

6. 关上箱门，将上火温度调至 180℃，选择"上下烤"功能，下火温度调至 120℃，烤 20 分钟即可。

香烤酥梨

材料 梨 60 克 　　冰激凌 98 克
　　　香草粒 10 克　黄油 30 克
　　　杏仁粉 30 克
　　　肉桂粉 5 克
　　　面粉 30 克

调料 白糖 10 克
　　　红糖 20 克

> **制作指导**
> 冰激凌容易融化，做完后应该尽快食用。

做法

1. 将洗净的梨对半切开，去核，切成片。
2. 备好的碗中放入黄油、白糖、杏仁粉、面粉，拌成奶酥粒。
3. 热锅放入黄油、红糖、肉桂粉、香草粒、梨，炒匀炒香。
4. 将炒好的材料放在铺有锡纸的烤盘上，再放上拌好的奶酥粒。
5. 备好烤箱，将烤盘放入。
6. 关上门，上火温度调 180℃，选定双管加热，下火温度调 180℃，定时 25 分钟。
7. 待时间到，开箱门，取出烤盘，将烤好的梨装入盘中，放入冰激凌即可。

黑椒烤牛油果

制作指导
牛油果必须趁新鲜吃，以免氧化变黄影响卖相哦。

材料 牛油果 50 克
鸡蛋黄 20 克
葱花 5 克

调料 盐 3 克
黑胡椒粉 3 克
食用油适量

做法

1. 将洗净的牛油果对半切开，去核。
2. 将鸡蛋黄倒入牛油果中，撒上盐、黑胡椒粉。
3. 刷上食用油，撒上葱花待用。
4. 用备好的锡纸包好牛油果，放在烤盘里。
5. 备好烤箱，打开箱门，放入烤盘。
6. 关箱门，将上下温度管调至 200℃，时间设为 5 分钟。
7. 开箱门，取出食材装盘，用牙签划破锡纸即可食用。

酥烤牛油果

制作指导

撒上黑胡椒后，
不要烤太久，
不然容易烤糊。

材料 牛油果 1 个
面粉 80 克
燕麦片 80 克
鸡蛋液 60 克

调料 盐 2 克
胡椒粉 3 克

做法

1. 牛油果去皮切条，撒上盐、胡椒粉。
2. 牛油果先裹上面粉、再裹上蛋液。
3. 在密封袋里装上燕麦片，将牛油果放入其中，左右摇晃，使其均匀包裹燕麦片。
4. 将牛油果放在铺有锡纸的烤盘上，再放入烤箱以上下火 200℃烤约 6 分钟即可。

奶酪焗烤圣女果

材料 圣女果 70 克
玉米粒 40 克
豌豆 15 克
胡萝卜碎 15 克
奶酪碎 15 克

❷
❸
❹
❺

做法

1. 将洗净的圣女果去蒂，切平，切除四分之一。
2. 用模具将圣女果里面的果肉掏去。
3. 将洗净的豌豆、胡萝卜碎、玉米粒依次放入圣女果中。
4. 将处理好的圣女果放入铺好锡纸的烤盘中，撒上奶酪碎。
5. 将烤盘放入烤箱，关闭烤箱门，将上下管温度设置为 180℃，烤 5 分钟即可。

烤酿西红柿

制作指导

西红柿要选表皮质地硬的，这样在烤制时可以保持其形状不变。

② ③ ⑥ ⑦

材料 熟米饭 80 克
西红柿 150 克
圆椒 30 克
去皮胡萝卜 40 克
培根 40 克

调料 盐 3 克
黑胡椒粉 3 克
食用油适量

做法

1. 将洗净的圆椒切丁；培根切丁；胡萝卜切丁。

2. 洗净的西红柿去蒂，底部切去部分，掏空果肉，做成西红柿盅。

3. 热锅注油，放入胡萝卜炒香；倒入培根、圆椒、熟米饭，炒匀。

4. 再加入盐、黑胡椒粉，翻炒均匀至入味。

5. 将炒好的米饭放入西红柿盅里面待用。

6. 备好一个烤盘，将西红柿盅摆放在烤盘上。

7. 电烤箱备好，打开箱门，放入烤盘；关箱门，上下管温度设置为 180℃，时间设为 8 分钟，开始烤制即可。

法式焗苹果

材料 苹果 2 个 | **调料** 黄油、白糖各 15 克
朗姆酒适量

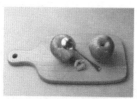

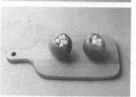

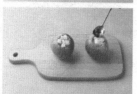

① ——
② ——
③ ——
④ ——

做法

1. 围绕苹果根部划一个直径为 2 厘米的圆，剔除果核，不要挖空。
2. 在处理好的苹果中放入黄油。
3. 倒入白糖，再加入朗姆酒。
4. 将苹果放入烤盘中，再放入烤箱，以上下火 180℃烤 15 分钟即可。

part3
升级海底美味

水产品并非只有通过清蒸，
才能让人吃出它们的鲜美，
用烤箱来烤制水产品也是别有一番风味。
让我们跟着皮皮虾一起出发，
去探索深海中特有的美味。

烤鲫鱼

材料 鲫鱼 320 克
姜片 20 克
干辣椒 15 克
葱花少许

调料 盐 1 克
胡椒粉 4 克
料酒 5 毫升
食用油适量

制作指导
可用芝麻油代替食用油，烤出来的鲫鱼会更香。

做法

1. 鲫鱼处理干净，装盘，放上姜片、干辣椒，撒上盐、胡椒粉、料酒抹匀，腌渍。

2. 往鲫鱼身上刷上食用油，放入烤盘，推入烤箱，将上火、下火调至 200℃ 烤 20 分钟。

3. 取出烤盘，给鲫鱼翻面，将烤盘放入烤箱，烤 10 分钟至八九成熟。

4. 取出烤盘，刷少许食用油，放上葱花、胡椒粉，将烤盘放入烤箱烤 5 分钟至熟透。

5. 取出烤盘，将烤好的鲫鱼装盘即可。

锡烤福寿鱼

材料 福寿鱼 1 条
葱花少许

调料 白胡椒粉 5 克
烧烤粉 5 克
辣椒粉 5 克
盐 3 克
芝麻油 5 毫升
辣椒油 5 毫升
烧烤汁 5 毫升
孜然粒 3 克

制作指导
将福寿鱼放入水中，加适量黄酒浸泡片刻，能去除其腥味。

做法

1. 将处理干净的福寿鱼切一字刀，装盘。

2. 在鱼身两面撒上盐、白胡椒粉、烧烤粉、辣椒粉，淋入适量芝麻油、辣椒油、烧烤汁，撒入孜然粒，抹匀，腌渍 30 分钟。

3. 把腌好的福寿鱼放在铺有锡纸的烤盘上。

4. 将烤箱温度调成上火 250℃、下火 250℃，放入烤盘，烤 15 分钟。

5. 从烤箱中取出烤盘，把福寿鱼翻面，再放入烤箱，续烤 15 分钟，最后撒上葱花。

制作指导

烘烤的过程中橙汁的香气会渗透到鱼肉中。

柠香烤鱼

材料 柠檬 1 个　　　新鲜迷迭香 10 克
　　　大眼鱼 1 条　　蒜片 10 克
　　　黄彩椒 50 克　姜片 10 克
　　　红彩椒 50 克
　　　洋葱 50 克

调料 盐 5 克
　　　白兰地 30 毫升
　　　橄榄油适量
　　　橙汁 50 毫升

④
⑥
⑦
⑧

做法

1. 黄彩椒、红彩椒分别切丝；洋葱切丝；柠檬切片。
2. 去除鱼的鳞片、内脏，用水冲洗干净，擦干水分后，抹上少许盐。
3. 再将姜片、迷迭香塞入鱼肚里，腌渍 20 分钟至入味。
4. 铸铁锅中刷上一层油后，再铺入切好的黄椒丝、红椒丝、洋葱丝、蒜片，迷迭香。
5. 再将腌渍好的鱼放入锅中，放上柠檬片。
6. 表面淋上一层橄榄油，倒入白兰地。
7. 再淋上适量橙汁。
8. 最后将锅放入已预热好的烤箱中层，以上下火 200℃烤约 25 分钟即可。

鲜蔬柠香秋

制作指导
秋刀鱼烤制后会析出油脂，可适量减少食用油的用量。

材料 南瓜 200 克
芦笋 20 克
柠檬 30 克
蒜末 20 克
秋刀鱼 150 克
口蘑 50 克

调料 盐 3 克
胡椒粉 3 克
料酒 5 毫升
食用油适量

做法

1. 将洗净的柠檬、南瓜、口蘑切成片。
2. 处理好的秋刀鱼切开，往两面抹盐，淋上料酒，撒上胡椒粉，腌渍 20 分钟。
3. 将秋刀鱼铺放在备有锡纸的烤盘上，刷上一层食用油，撒上蒜末，放上柠檬片。
4. 将烤盘放入烤箱，以上下火均为 220℃的温度烤 25 分钟至熟。
5. 沸水锅中加入盐，倒入口蘑、南瓜、芦笋煮至断生，捞出，放入盘中待用。
6. 取出烤好的秋刀鱼，去掉柠檬，摆放在盘中，放上之前焯煮的蔬菜即可。

锡纸包三文鱼

制作指导
用锡纸来包裹三文鱼烤制，会更好的保留鱼肉中的水分。

材料 三文鱼 261 克
洋葱 30 克
西葫芦 30 克
胡萝卜 30 克
黄油 50 克

调料 胡椒粉少许
盐适量
柠檬汁 30 毫升

做法

1. 将洗净的西葫芦、胡萝卜、洋葱切丝；洗净的三文鱼横刀切片。
2. 将切好的三文鱼撒上适量盐、胡椒粉、柠檬汁，腌渍 20 分钟。
3. 热锅注入黄油，烧至融化，放入洋葱，翻炒香。
4. 再放入胡萝卜、西葫芦，翻炒均匀。
5. 将炒好的食材盛起，放入备好的盘中，待用。
6. 将所有食材铺在铺有锡纸的烤盘上，将锡纸四周立起来形成容器。
7. 将烤盘放入烤箱，以上下火均为 180℃的温度烤 15 分钟至熟。

香烤三文鱼

材料 三文鱼 300 克

调料 盐 2 克　　　　迷迭香碎 5 克
黑胡椒碎 3 克　　食用油 15 毫升
辣椒粉 8 克
牛至叶 3 克

做法

1. 将三文鱼洗净，依次撒上盐、黑胡椒碎、迷迭香碎、牛至叶、辣椒粉抹匀，静置 1 小时。
2. 煎锅中倒入食用油，烧至四成热时，放入三文鱼，微煎以锁住水分。
3. 将煎好的三文鱼放入铺有锡纸的烤盘中，表面刷上食用油。
4. 将烤盘放入烤箱中层，以上下火 180℃ 的温度烤 10 分钟即可。

① ② ③ ④

什锦烤鱼

制作指导
喜欢鱼内脏的可以保留鱼肝一起烤制，会别有一番风味。

材料 鲫鱼 450 克
土豆 30 克
胡萝卜 30 克
洋葱 30 克
香菜 5 克

调料 食用油适量
辣椒粉 10 克
烤肉酱 30 克

做法

1. 洗净去皮的土豆切片，洋葱切成丝，去皮的胡萝卜切成片。
2. 宰杀好的鲫鱼对半切开，在鱼背上划上花刀。
3. 碗中放入洋葱、土豆、胡萝卜，淋入适量食用油，充分搅拌匀。
4. 鲫鱼装入碗中，放入烤肉酱、辣椒粉，拌匀腌渍片刻。
5. 烤盘上铺好锡纸，刷上食用油，放入部分拌好的蔬菜。
6. 再把腌渍过的鲫鱼放上去，倒入剩余的蔬菜，放入预热好的烤箱。
7. 以上下火均为 220℃的温度烤 20 分钟至熟。
8. 取出烤盘，将烤好的鲫鱼装入盘中，撒上香菜即可。

葱香烤带鱼

制作指导

腌渍带鱼的酱料可根据个人的口味喜好加以选择。

材料 带鱼 400 克
姜片 5 克
葱 7 克

调料 盐 3 克
白糖 3 克
料酒 3 毫升
生抽 3 毫升
老抽 3 毫升
食用油适量

做法

1. 将处理好的带鱼两面划上一字花刀。

2. 把带鱼装入碗中，再放入葱、姜片。

3. 再倒入盐、白糖、料酒、生抽、老抽，拌匀，腌渍 20 分钟。

4. 在铺了锡纸的烤盘上刷上食用油，放入腌渍好的带鱼。

5. 将烤盘放入预热好的烤箱，以上火 180℃、下火 180℃，烤约 18 分钟至熟即可。

锡纸烤银鲳

制作指导
烤制时间视鱼肉厚薄而定，不宜过长，以免影响口感。

材料 银鲳鱼 262 克
葱末 5 克
姜末 5 克

调料 盐 3 克
鸡粉 3 克
白糖 5 克
料酒 3 毫升

蚝油 7 克
食用油适量

做法

1. 处理干净的银鲳鱼双侧均匀打上花刀。

2. 在银鲳鱼两面撒上盐，抹匀。

3. 再倒入料酒、鸡粉、蚝油、白糖、葱末、姜末，拌匀，腌渍 20 分钟。

4. 铺开锡纸，在锡纸上刷上一层食用油，放入腌渍好的银鲳鱼，包好锡纸。

5. 将包好银鲳鱼的锡纸放入备好的烤盘中，推进预热好的烤箱，以上下火均为 230℃的温度烤 25 分钟至熟。

6. 取出烤好的银鲳鱼，装入盘中即可。

生烤鳕鱼

制作指导
鳕鱼胆固醇含量较高，可先蒸一会儿，去除脂肪后再烤。

材料 鳕鱼 250 克
熟白芝麻 5 克

调料 食用油适量
蒜蓉辣椒酱 20 克
辣椒粉 8 克
孜然粉 5 克

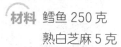 **做法**

1. 处理好的鳕鱼摆放在铺好锡纸的烤盘上，待用。
2. 将烤盘放入烤箱，以上下火均为 150℃的温度烤 10 分钟。
3. 待时间到，打开烤箱门，将烤盘取出。
4. 往鳕鱼两面均匀地刷上食用油、蒜蓉辣椒酱、辣椒粉、熟白芝麻、孜然粉。
5. 打开烤箱门，把烤盘再次放入烤箱中。
6. 关上箱门，以上下火均为 150℃的温度烤 5 分钟即可。

香烤鲅鱼

材料 鲅鱼 200 克
　　　葱段 7 克
　　　姜末 7 克
　　　蒜末 7 克
　　　花椒粒 2 克

调料 盐 3 克
　　　料酒 3 毫升
　　　食用油适量
　　　孜然粉 1 克

做法

1. 在处理干净的鲅鱼两面打上网格花刀，再拦腰切成两段。
2. 将鲅鱼放入备好的碗中，放入盐，倒入料酒。
3. 再放入花椒粒、姜末、葱段、蒜末、孜然粉，搅拌均匀，腌渍半个小时。
4. 在备好的烤盘上铺上锡纸，刷上一层食用油。
5. 放入腌渍好的鲅鱼，在鱼身上再刷上适量食用油。
6. 将烤盘放入烤箱，以上下火均为 230℃的温度烤 20 分钟至熟。

私房烤鱼

制作指导

多宝鱼提前腌渍，这样不仅更入味，还可保持肉质鲜美。

材料 洋葱、青椒、
芹菜各 30 克
胡萝卜 25 克
多宝鱼 530 克
葱段、蒜末各
5 克
姜末 8 克
干辣椒 3 克
八角 2 个
花椒 1 克

调料 盐、鸡粉、白糖、
胡椒粉各 3 克
料酒 3 毫升
食用油适量
豆瓣酱 20 克

做法

1. 将洋葱切块，青椒去籽切块，洗净去皮的胡萝卜切成菱形状。

2. 多宝鱼两面抹上盐、料酒、胡椒粉，腌渍 15 分钟。烤盘铺上锡纸，刷上食用油，铺上洋葱块，再将腌好的多宝鱼放在洋葱块上。

3. 将烤盘放入预热好的烤箱，以上下火均为 230℃烤 20 分钟至熟。

4. 热锅注油烧热，放八角、花椒，爆香，倒入豆瓣酱炒香，加干辣椒、葱段、姜末、蒜末、芹菜、胡萝卜、青椒，炒匀，倒入清水，搅匀，将食材煮开。

5. 再放入盐、鸡粉、白糖炒匀，制成酱料，浇在烤好的鱼上即可。

芋泥焗鲑鱼

材料 芋头 400 克
鲑鱼 200 克
芝士 4 片
红椒粒适量
黄椒粒适量

调料 奶油 20 毫升　　青芥末酱少许
白胡椒粉 2 克　　黄芥末酱少许
盐 2 克　　　　味噌酱少许
白酒 5 毫升
韩式辣椒酱少许

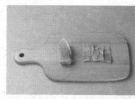

❶ ❷ ❸ ❹

做法

1. 鲑鱼切薄片，撒上盐、白胡椒粉、白酒腌 10 分钟；芋头去皮后切薄片煮熟。
2. 将煮好的芋头加入奶油搅拌成泥，再加红椒粒、黄椒粒拌匀后捏成球。
3. 烤碗中摆入芋泥球、鲑鱼、芝士片。将烤碗放入烤箱中，以 230℃烤 10 分钟。
4. 待其表面金黄，取出分别点上韩式辣椒酱、青芥末酱、黄芥末酱、味噌酱即可。

烤黑芝麻龙利鱼

制作指导
煎龙利鱼时，火候宜用小火。

⑤ ⑥ ⑦ ⑧

材料 龙利鱼 300 克
鸡蛋 50 克
黑芝麻 10 克

调料 黑胡椒粉 5 克
盐 3 克
食用油适量
朗姆酒 10 毫升
柠檬汁 60 毫升

做法

1. 将处理好的龙利鱼切段。

2. 放入备好的碗中，倒入朗姆酒、柠檬汁。

3. 撒上黑胡椒粉、盐，拌匀，腌渍 10 分钟。

4. 将鸡蛋打散成鸡蛋液，倒入备好的盘中。

5. 热锅注油烧热，放入龙利鱼，煎至六成熟。

6. 将煎好的龙利鱼放入鸡蛋液中，倒入黑芝麻，拌匀。

7. 往烤盘中刷上食用油，放上龙利鱼，待用。

8. 放入预热好的烤箱，以上下火均为 200℃的温度烤 10 分钟至熟。

辣烤大头鱼

材料 大头鱼肉 450 克
熟白芝麻 5 克
葱花 5 克

调料 生抽 5 毫升　　孜然粉 5 克
料酒 5 毫升　　辣椒粉 5 克
盐 2 克　　　　蒜蓉辣椒酱
鸡粉 2 克　　　15 克
白胡椒粉 2 克
食用油适量

制作指导
鱼肉上打花刀，这样有利于其腌渍入味。

做法

1. 大头鱼肉切去鱼尾，切去鱼鳍，去骨，往鱼肉两面划上一字花刀。

2. 往备好的碗中加入生抽、料酒、盐、鸡粉、白胡椒粉、蒜蓉辣椒酱、辣椒粉、熟白芝麻、孜然粉拌匀，放入大头鱼肉，拌匀，腌渍半小时。

3. 取一个铺了锡纸的烤盘，刷上一层食用油，放上腌渍好的大头鱼肉。

4. 将烤盘放入预热好的烤箱，以上下火均为 230℃的温度烤 25 分钟至熟。

5. 取出烤好的大头鱼肉装盘，撒上葱花即可。

蔬菜鱿鱼卷

制作指导

将蔬菜条切得粗细均匀，这样更容易熟透。

材料 鱿鱼 2 条
西芹 20 克
黄瓜 100 克
胡萝卜 100 克

调料 烧烤汁 10 毫升
海鲜酱 5 克
盐 3 克
烧烤粉 5 克
食用油适量

做法

1. 洗净的黄瓜、去皮的胡萝卜、西芹均切成与鱿鱼长度相等的细长条，装入盘中。

2. 再撒入适量盐、烧烤粉，倒入少许食用油，拌匀，腌渍 5 分钟。

3. 将海鲜酱倒入鱿鱼筒中，并撒入少许盐。

4. 将腌好的胡萝卜条、西芹条、黄瓜条塞入鱿鱼筒中，用牙签横向穿过鱿鱼。

5. 将鱿鱼放在铺了锡纸的烤盘上，表面刷上少许食用油。

6. 将烤盘放入预热好的烤箱，以上下火均为 180℃的温度烤 10 分钟。

7. 取出烤盘，刷上适量烧烤汁，再把烤盘放入烤箱，续烤 5 分钟即可。

串烤麻辣八爪鱼

① | ③ | ⑤ | ⑥

材料 八爪鱼 140 克

调料 盐适量
橄榄油适量
辣椒酱适量

做法

1. 锅中注水烧开，放入处理好的八爪鱼，汆煮至去除其表面脏污。

2. 将汆煮好的八爪鱼放入碗中，淋上橄榄油，拌匀。

3. 再撒上适量的盐，拌匀，腌渍 10 分钟。

4. 往备好的烤盘上刷上适量的橄榄油。

5. 放上串好的八爪鱼，均匀地刷上适量辣椒酱。

6. 将烤盘放入预热好的烤箱，以上下火均为 180℃的温度烤 10 分钟至熟即可。

芝士焗龙虾

制作指导

可根据自家烤箱的火力情况，适当调整烤制时间。

材料 澳洲龙虾 1 只
芝士片 2 片
柠檬片 2 片
面粉 20 克
黄油 40 克

调料 盐 1 克
鸡粉 1 克
胡椒粉 2 克
白兰地酒 20 毫升

做法

1. 龙虾肉装碗，挤入柠檬汁，加盐、鸡粉、胡椒粉、面粉，拌匀，腌渍 10 分钟。

2. 锅置火上，放入 20 克黄油，加热至微融，放入龙虾头、龙虾壳，稍煎片刻。

3. 再倒入白兰地酒，将龙虾头、壳煎约半分钟至酒精挥发，盛出摆盘。

4. 洗净的锅置火上，放入剩余黄油，加热至微融。

5. 放入腌好的龙虾肉，煎约半分钟至底部变色，翻面续煎半分钟至外观微黄。

6. 关火后将煎好的龙虾肉放入龙虾壳中，放上芝士片。

7. 将备好的食材放入烤箱，以上下火均为 200℃的温度烤 10 分钟至熟。

8. 取出烤好的芝士龙虾，摆盘即可。

葱烤皮皮虾

制作指导

皮皮虾是自带盐分的海鲜，建议盐和生抽尽可能少放。

材料 皮皮虾 344 克
葱 10 克
蒜末 10 克
朝天椒碎 5 克

调料 生抽 3 毫升
料酒适量
食用油适量

做法

1. 蒜末、朝天椒碎装入碗中，淋入生抽、料酒、食用油，搅均拌匀，制成酱料。

2. 烤盘上铺上一层锡纸，放入葱、皮皮虾，刷上调制好的酱料。

3. 将烤盘放入预热好的烤箱，以上下火均为 180℃的温度烤 15 分钟至熟。

4. 取出烤好的皮皮虾，装盘即可。

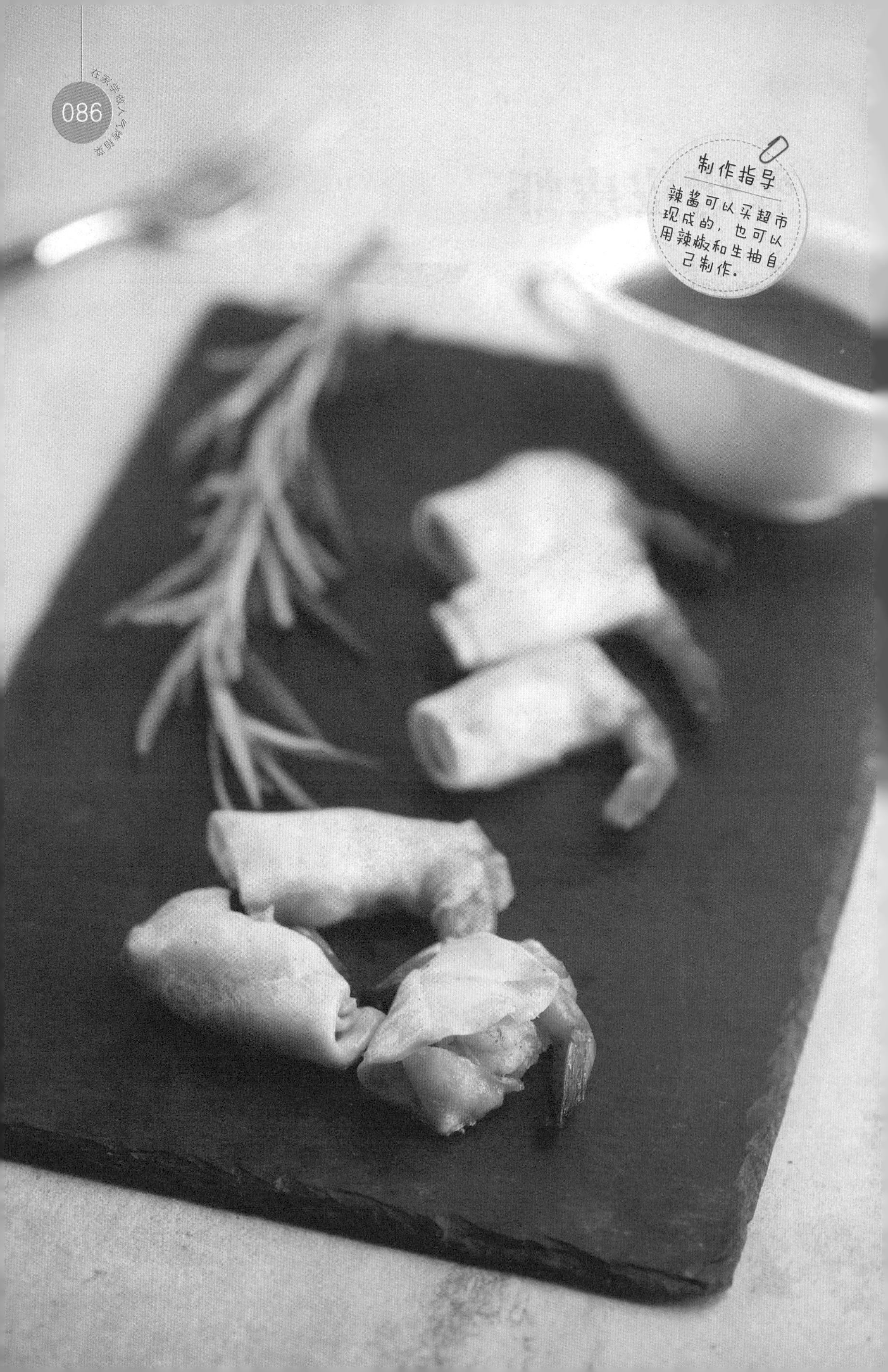

制作指导

辣酱可以买超市现成的，也可以用辣椒和生抽自己制作。

香辣爆竹虾

材料 云吞皮6张
虾6只

调料 辣酱20克
橄榄油适量
水淀粉适量

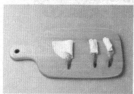

做法

1. 先将准备好的辣酱放入碗中，将虾去壳后放入碗中，拌匀，以便让虾入味。

2. 将方形云吞皮对折切成三角形，将酱虾包裹，露出虾尾处，用水淀粉将尾端面皮粘住。

3. 在面皮表面刷上油，再放入铺有锡箔纸的烤盘中。

4. 将烤盘放入预热的烤箱中，以上下火180℃的温度烤约15分钟即可。

❶
❷
❸
❹

蒜香芝士烤虾

材料 虾 120 克
青椒 30 克
红椒 30 克
蒜末 10 克
迷迭香 5 克
芝士片 1 片

调料 盐 2 克
橄榄油适量
沙拉酱 10 克
白酒 30 毫升
食用油适量

> **制作指导**
> 若喜欢脆的，则烤得略久一些，反之则相应缩短时间。

做法

1. 洗净的青椒、红椒去籽切粒；芝士片切成丝。
2. 虾切去虾须，去除虾线，用刀背拍平，装碗，加入白酒，腌渍一会儿。
3. 取一碗，放入红椒、青椒、蒜末、迷迭香、沙拉酱、盐、橄榄油，拌匀，制成酱料。
4. 烤盘里铺上锡纸，刷上食用油，放入腌渍好的虾。
5. 再均匀地铺上酱料，撒入芝士丝。
6. 将烤盘放入预热好的烤箱，以上下火均为 200℃的温度烤 10 分钟至熟即可。

椰子虾

制作指导
椰子虾吃的时候可以搭配蜂蜜芥末酱。

材料 虾 15 只
鸡蛋液 60 克
面粉 80 克
椰蓉 50 克

调料 料酒 5 毫升
盐 2 克
胡椒粉 2 克

做法

1. 处理好的虾加入料酒、盐、胡椒粉腌渍 20 分钟。
2. 将虾放入装有面粉的密封袋里，轻晃，使面粉均匀包裹住虾，再将虾均匀沾上鸡蛋液。
3. 将虾放入椰蓉中，让虾均匀裹上椰蓉，再将虾放入铺有锡箔纸的烤盘中。
4. 烤盘置于已预热的烤箱中，以 200℃的温度烤 10 分钟即可。

香草黄油烤明虾

制作指导

制作香草黄油是这道菜的关键，黄油务必要充分搅拌。

材料 明虾 100 克
蒜蓉 5 克
迷迭香末 5 克
茴香草末适量
黄油 15 克

调料 盐 3 克
白胡椒粉 3 克
柠檬汁适量

做法

1. 洗净的明虾切去虾须、虾脚、虾箭，去除虾线，稍微斩开头部。

2. 在虾肉上撒适量盐、白胡椒粉，拌匀，滴少许柠檬汁，腌渍 5 分钟至入味。

3. 把迷迭香末、蒜蓉、茴香草末、盐倒入融化的黄油中，拌匀，制成黄油酱。

4. 将烤箱温度调成上火 220℃、下火 220℃。

5. 把腌好的虾放入铺有锡纸的烤盘，放入烤箱，烤 10 分钟至金黄色。

6. 取出烤盘，在虾肉上均匀地抹上拌好的黄油酱。

7. 再将烤盘放入烤箱，继续烤 5 分钟至熟，取出晾凉即可。

培根鲜虾卷

制作指导
虾可以加入一些生姜，再加点柠檬汁，去腥更美味。

材料 虾 10 只
培根 10 片
芦笋 20 个
蒜蓉适量
芝士片 2 片

调料 盐 2 克
料酒 5 毫升
黑胡椒碎 1 克

做法

1. 虾去壳留虾尾，再加盐、料酒、蒜蓉拌匀，腌渍 20 分钟；芦笋切段。

2. 培根平铺，从其一边依次紧挨摆放虾、芦笋、芝士，虾不露头，将尾部朝上。

3. 将培根卷成卷，并用牙签固定，在其表面撒上黑胡椒碎。

4. 再将培根卷放入铺有锡箔纸的烤盘，置烤箱中层，以 200℃的温度烤 12~15 分钟即可。

制作指导
玉米比较不容易烤熟，所以应该尽量切小一点。

什锦烤串

材料 鲜虾 3 只　　小番茄 6 个　　**调料** 盐 2 克
培根 3 片　　柠檬半个　　　　　料酒 10 克
玉米 1 根　　蒜泥 5 克
杭椒 3 个
菠萝 2 大块

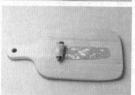

❶
❷
❸
❹

做法

1. 鲜虾洗净去除虾须和虾枪，用蒜泥、盐、料酒腌渍 20 分钟使其入味。

2. 杭椒去掉老根和辣椒蒂，切成小段；将培根平铺，卷上辣椒。

3. 玉米切段，菠萝切小块，小番茄洗净，柠檬切瓣，然后把准备好的材料穿成串。

4. 将什锦串放在烤架上，放入预热好的烤箱中层，以 200℃的温度烤约 15 分钟即可。

制作指导

做此菜时，应选择稍微硬一点的番茄，太软的不容易挖空内部。

番茄鲜虾盅

材料 番茄 3 个
虾 50 克
鸡蛋 3 个
玉米粒 30 克
青椒丁 30 克

胡萝卜丁 30 克
蒜末适量

调料 盐 2 克
料酒 5 毫升
黑胡椒粉 5 克
食用油适量

④
⑥
⑦
⑧

做法

1. 番茄洗净，切去顶部一小片，将其中心处挖空，制成杯状。
2. 虾去壳，用料酒、盐、蒜末腌渍片刻。
3. 锅中放入食用油，倒入打散的鸡蛋，放入玉米粒、青椒丁、胡萝卜丁，炒匀。
4. 再放入腌渍好的虾，炒匀。
5. 再加入黑胡椒粉调味。
6. 再将炒好的材料放入挖空的番茄中。
7. 再将番茄放入铺有锡箔纸的烤盘中。
8. 将烤盘放入烤箱中，以上下火 200℃的温度烤约 15 分钟至番茄表皮出现摺折即可。

黄油焗烤螃蟹

制作指导

螃蟹在烤制前一定要用刷子刷洗干净，且用活螃蟹，味道更鲜美。

材料 螃蟹 300 克
洋葱 30 克
蒜末 7 克
黄油 15 克

调料 食用油适量

做法

1. 洗净的洋葱切丝；处理好的螃蟹去掉腮，再对半切开，待用。

2. 热锅倒入黄油，加热至融化，倒入蒜末爆香。

3. 倒入洋葱炒香，将炒好的洋葱盛入盘中，制成辅料待用。

4. 往铺上锡纸的烤盘中刷上一层食用油。

5. 把螃蟹放入烤盘，铺上炒好的洋葱丝，待用。

6. 将烤盘放入烤箱，以上下火均为 200℃的温度烤 15 分钟至熟即可。

香辣蟹柳

制作指导
蟹柳本身有味道，可适量少放调料。

材料 蟹柳 150 克

调料 辣椒油 5 毫升
辣椒粉 5 克
烧烤粉 5 克
盐少许
孜然粉适量
食用油 5 毫升

做法

1. 将准备好的蟹柳放入铺有锡纸的烤盘中。
2. 在蟹柳的表面刷上少许的食用油。
3. 撒入适量盐、辣椒粉、烧烤粉、孜然粉。
4. 再往蟹柳上刷上少量辣椒油。
5. 将烤箱温度调成上火 220℃、下火 220℃。
6. 放入烤盘，烘烤 5 分钟至熟即可。

烤生蚝

制作指导

清洗生蚝时，可将其放入淡盐水浸泡，以使其吐净泥沙。

材料 净生蚝 400 克
蒜末少许
葱花少许

调料 盐 2 克
鸡粉少许
白胡椒粉少许
食用油适量

做法

1. 用油起锅，撒上蒜末，爆香，倒入葱花，炒匀。

2. 再加入盐、鸡粉，撒上白胡椒粉，炒匀炒香。

3. 关火后盛出，装在碟中，制成味汁，待用。

4. 将备好的生蚝装在烤盘里，推入预热好的烤箱中。

5. 关箱门，上下火温度调为 220℃，选择"双管发热"功能，烤 15 分钟至食材断生。

6. 打开箱门，取出烤盘，浇入调好的味汁。

7. 将烤盘再次推入烤箱中，关好箱门，烤约 10 分钟，至食材入味。

法式焗烤扇贝

材料 扇贝 3 个　　　胡萝卜丁 30 克
　　　面粉 20 克　　　蒜末少许
　　　奶酪碎 40 克　　黄油 40 克
　　　芹菜丁 30 克
　　　洋葱碎 30 克

调料 盐 1 克
　　　鸡粉 1 克
　　　胡椒粉 2 克
　　　橄榄油 5 毫升
　　　白兰地酒少许

⑤
⑪
⑫
⑭

做法

1. 将处理好的扇贝肉装碗，加入 1 克盐、1 克鸡粉，放入胡椒粉。
2. 加入面粉，翻拌匀，腌渍 10 分钟至入味。
3. 热锅中注入橄榄油，烧热，放入腌好的扇贝肉。
4. 煎约 1 分钟至底部微黄，翻面。
5. 续煎约 2 分钟至两面焦黄，中途需翻面 1 ~ 2 次。
6. 将煎至微熟的扇贝肉放入扇贝壳中，待用。
7. 洗净的锅置火上，放入黄油、蒜末。
8. 爆香片刻至黄油微微融化。
9. 倒入芹菜丁、洋葱碎和胡萝卜丁。
10. 翻炒约半分钟至食材微软。
11. 倒入白兰地酒，翻炒均匀，至香味浓郁。
12. 将炒好的香料均匀地放在扇贝肉上。
13. 接着均匀地撒上奶酪碎。
14. 将备好的食材放入烤箱，以上下火均为 150℃的温度烤 5 分钟至熟。

翡翠贻贝

制作指导
青口可以提前在家养一晚上，能更好地吐尽泥沙。

材料 青口 500 克
青彩椒粒 20 克
红彩椒粒 20 克
黄彩椒粒 20 克
芝士碎适量

调料 黄油 50 克
白葡萄酒、西芹粉、白胡椒粉各少许

做法

1. 将青口放入盐水洗净，控干水分。

2. 微波炉加热黄油，使其软化，依次加入西芹粉、白胡椒粉，搅匀。

3. 将青口放碗中，倒入白葡萄酒和调配好的黄油。

4. 将三色辣椒碎和芝士碎放在青口上，再放入已预热好的烤箱，以 190℃的温度烤 15 分钟即可。

蒜香烤海虹

材料 海虹 430 克
蒜末 30 克
姜末 10 克

调料 料酒 3 毫升
蒸鱼豉油 10 毫升
食用油适量

制作指导
选购时选择个体
大的，这样的海
虹质嫩、肉肥、
味鲜。

做法

1. 在备好的碗中放入蒜末、姜末、料酒、蒸鱼豉油、食用油。

2. 将调料搅拌均匀，制成酱料，待用。

3. 锅中注入适量清水煮沸，放入处理好的海虹，搅拌一会儿，煮至开壳。

4. 将海虹捞起，沥干水分，待用。

5. 在烤盘中铺上锡纸，刷上一层食用油。

6. 再放入海虹，均匀地撒上酱料。

7. 将烤盘放入预热好的烤箱，以上下火均为 180℃的温度烤 8 分钟至熟。

part4
无肉不欢烤肉

鲜嫩的鸡鸭鹅，诱人的猪牛羊，
以它们饱满丰富的口感与滋味向我们骄傲地宣
誓着美味烧烤的奥秘。
本章节各式肉类来势汹汹，
势必要为我们展现一个无肉不欢的烧烤聚会。
每一种肉类，每一种烤法，都给我们带来想象
不到的神奇滋味。

烤猪颈肉

材料 猪颈肉 370 克

调料 孜然粉 3 克　叉烧酱 30 克
花椒粉 3 克　辣椒粉 20 克
生抽 5 毫升
蚝油 5 克

制作指导
烤制时放入少许白芝麻，食用时味道更香。

做法

1. 将猪颈肉均匀地切成厚片。

2. 往准备好的玻璃碗中倒入切好的猪颈肉。

3. 加入辣椒粉、孜然粉、花椒粉、生抽、蚝油、叉烧酱，拌匀，腌渍 2 小时。

4. 电烤箱备好，装上烤架以及烤盘，将肉片摆放在烤架上。

5. 关上箱门，将上下火温度调至 200℃，时间设置为 30 分钟，开始烤制食材。

6. 打开箱门，将烤好的食材盛入盘中即可。

蜜汁烤肉

材料 猪瘦肉 180 克

调料 盐 3 克　　　　烧烤粉 20 克
　　　生抽 5 毫升　　食用油适量
　　　黑胡椒粉 10 克
　　　蜂蜜 20 克

制作指导
腌渍肉片的时候也可加入适量食用油，口感会更细滑。

做法

1. 将猪瘦肉均匀地切成 1 厘米厚的肉片，装碗。

2. 加入盐、生抽、黑胡椒粉、烧烤粉、蜂蜜，拌匀，腌渍 2 小时。

3. 将腌渍好的肉片用竹扦串成串，装盘备用。

4. 取一个干净的烤盘，铺上备好的锡纸。

5. 往锡纸上刷上食用油，放上备好的肉串，再往肉串上刷上食用油待用。

6. 备好电烤箱，将装有肉串的烤盘放入其中。

7. 关箱门，将上下火温度调至 180℃，时间设置为 10 分钟，烤熟即可。

叉烧酱烤五花肉

制作指导

烤至20分钟时取出，刷上蜂蜜再续烤5分钟，这样烤出来色泽更漂亮。

材料 五花肉170克

调料 老抽3毫升
料酒5毫升
食用油适量
叉烧酱40克

做法

1. 洗净的五花肉去猪皮，切小块。

2. 切好的五花肉装碗，倒入叉烧酱，搅拌均匀。

3. 再加入老抽、料酒拌匀，腌渍10分钟至入味。

4. 烤盘放上锡纸，刷上食用油。

5. 放上腌好的五花肉。

6. 将烤盘放入烤箱中。

7. 关好箱门，将上下火温度调至200℃，选择"双管发热"功能，烤25分钟至熟即可。

广式脆皮烧肉

制作指导
猪皮上戳洞是为了更好地入味，因此可以尽量多戳。

材料 带皮五花肉 250 克
葱 5 克
姜 5 克
小苏打粉 7 克
八角适量

调料 盐 3 克　　老抽 3 毫升
白糖 3 克
五香粉 3 克
生抽 3 毫升
料酒 3 毫升

做法

1. 锅中注水烧开，放入五花肉、八角，倒入葱、姜、料酒，煮沸，煮出血水。
2. 捞出，沥干水分，在猪皮上戳上数个小孔，将盐、小苏打粉均匀地抹在猪皮上。
3. 将五花肉切开，但不切断，装入碗中，淋入料酒、生抽、老抽。
4. 放入白糖、五香粉，搅拌均匀腌渍 2 小时。
5. 烤盘上铺上锡纸，放上五花肉，淋上酱汁，推入烤箱。
6. 关上门，上下火温度调至 230℃，选定"双管加热"，定时 20 分钟即可。

花生酱烤肉串

制作指导
猪肉的腌渍时间可以稍微延长一点，这样子会更加入味。

材料 白芝麻10克
猪肉200克

调料 盐2克
鸡粉2克
料酒4毫升
生抽3毫升
黑胡椒适量

食用油适量
花生酱20克

做法

1. 将处理好的猪肉对切，改切成片。

2. 猪肉装入碗中，放入盐、鸡粉、料酒、生抽、黑胡椒，拌匀。

3. 用竹扦将猪肉依次串起来。

4. 再均匀地刷上花生酱，撒上白芝麻。

5. 烤盘上铺上锡纸，刷上食用油，放入肉串。

6. 备好烤箱，将烤盘放入。

7. 关上门，温度调为220℃，选定上下加热，定时烤15分钟即可。

烤土豆小肉饼

材料 猪肉末 40 克
去皮土豆 120 克
熟白芝麻 10 克

调料 食用油适量
烤肉汁 20 毫升

制作指导
肉末可以提前腌渍入味，这样吃起来口感更佳。

 做法

1. 将土豆切成厚片，中间不切断，制成夹子状。

2. 将肉末放入备好的碗中，倒入烤肉汁，拌匀，制成肉馅。

3. 夹取适量的肉馅放入土豆夹中，待用。

4. 烤盘铺锡纸，刷一层食用油，放入土豆夹，再刷一层食用油，撒上熟白芝麻。

5. 备好电烤箱，打开箱门，将食材放入其中。

6. 关上箱门，将上下管温度调至 200℃，时间设置为 20 分钟，开始烤制。

制作指导

腌渍猪肋排时可
放些蜂蜜，口感
会更鲜嫩甜美。

烤猪肋排

材料 猪肋排 300 克
白洋葱 30 克
蒜末 5 克
圣女果半个
迷迭香适量
叶菜碎适量

调料 盐 2 克　　　辣椒粉 8 克
鸡粉 2 克　　　黑胡椒 5 克
干淀粉 2 克
生抽 3 毫升
蜂蜜 30 克

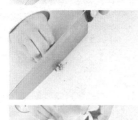

❶
❷
❸
❹

做法

1. 将洗净的猪肋排斜刀划上网格花刀。
2. 将白洋葱切粒。
3. 备好的迷迭香撕成小段，用刀切碎。
4. 取一个大盘，放入白洋葱、黑胡椒、蒜末、辣椒粉。
5. 加入盐、鸡粉，倒入干淀粉、蜂蜜。
6. 注入少许清水，用手抓匀，淋入生抽，拌匀成腌料。
7. 倒入迷迭香，搅拌均匀，放入猪肋排。
8. 均匀地将两面沾上腌料，腌渍 2 小时至入味。
9. 把腌渍好的猪肋排放在铺好锡纸的烤盘上，推入烤箱。
10. 将上下火温度调至 180℃，定时烤 40 分钟。
11. 取出烤好的猪肋排。
12. 将猪肋排放在砧板上，切成方便食用的条状。
13. 盘子摆放圣女果、猪肋排，再点缀些叶菜碎即可。

圆椒镶肉

制作指导
圆椒去蒂之后，用手将圆椒轻轻捏挤，可以轻松地去籽。

材料 圆椒 2 个
培根末 50 克
胡萝卜末 20 克
洋葱末 20 克
西芹末 20 克

调料 鸡粉 3 克
盐 3 克
橄榄油 10 毫升

做法

1. 将胡萝卜末、洋葱末、西芹末倒入培根末中，加入适量盐、鸡粉，搅拌均匀。
2. 再淋入适量橄榄油，拌匀，腌渍 5 分钟至其入味，备用。
3. 将洗净的圆椒尾部切平，但不切破，去蒂，去籽，待用。
4. 圆椒上撒适量盐，将腌好的培根馅倒入挖空的圆椒中，并压实。
5. 把圆椒放入铺有锡纸的烤盘中。
6. 烤箱温度调成上下火 250℃，推入烤盘烤 30 分钟即可。

叉烧酱烤排骨

制作指导

汆煮排骨时可加入适量料酒，去腥效果更佳.

材料 排骨块 180 克

调料 食用油适量
叉烧酱 35 克

做法

1. 沸水锅中倒入洗净的排骨块汆煮，捞出。
2. 取空碗，倒入汆好的排骨、叉烧酱拌匀，稍腌一会儿至入味。
3. 烤盘刷一层油，放上排骨，装入烤箱。
4. 将烤箱温度上火调至200℃，下火调至150℃，选择"双管发热"，烤20分钟至熟。

烤牛肉酿香菇

制作指导
烤箱预热一下再
放入烤盘，这样
烤出的成品口感
更佳。

材料 牛肉末 50 克
洋葱末 20 克
胡萝卜末 20 克
西芹末 20 克
香菇 100 克

调料 盐 3 克　　　　鸡粉少许
干淀粉 3 克　　黑胡椒碎适量
烧烤粉 3 克
生抽 5 毫升
橄榄油 8 毫升

做法

1. 将牛肉末放入容器中，倒入适量生抽，拌匀。
2. 放入胡萝卜末、洋葱末、西芹末。
3. 撒入适量盐、鸡粉、干淀粉。
4. 淋入适量橄榄油。
5. 撒入黑胡椒碎，拌匀，制成牛肉馅，腌渍 10 分钟至其入味。
6. 在洗净的香菇上撒适量盐。
7. 淋入橄榄油，搅拌均匀。
8. 撒上适量烧烤粉，拌匀，腌渍 5 分钟至其入味。
9. 将腌好的香菇均匀地放入铺有锡纸的烤盘上。
10. 把腌好的牛肉馅放在香菇上。
11. 将烤箱温度调成上火 230℃、下火 230℃。
12. 放入烤盘，烤 10 分钟至熟。
13. 从烤箱中取出烤盘即可。

烤牛肉饼

制作指导
想要充分入味的话，可以让牛肉末腌渍的时间久一点。

材料 牛肉末 200 克
鸡蛋液 50 克
黄油 15 克
面粉 20 克
洋葱 30 克
蒜末 10 克

调料 盐 3 克
鸡粉 3 克
黑胡椒粉少许
食用油适量

做法

1. 洗净的洋葱切片，改切成碎。
2. 取一碗，倒入牛肉末、洋葱碎、蒜末、黄油、鸡蛋液、面粉。
3. 再加入盐、鸡粉、黑胡椒粉，充分拌匀入味。
4. 往铺上锡纸的烤盘上刷上适量的食用油，倒入牛肉末，铺匀。
5. 备好电烤箱，打开箱门，将烤盘放入其中。
6. 关上箱门，将上下火温度调至 180℃，烤 5 分钟即可。

多彩牛肉串

材料 黄彩椒 30 克　　黄姜粉 7 克
　　　红椒 30 克　　　蒜末 10 克
　　　青椒 30 克
　　　牛肉 60 克

调料 盐 3 克
　　　鸡粉 2 克
　　　料酒适量
　　　胡椒粉适量
　　　食用油适量

制作指导
牛肉切得大一点，这样吃起来更加有嚼劲，口感更好。

做法

1. 青椒去籽切小块；红椒切小块；黄彩椒切小块；牛肉切小丁。
2. 将牛肉装入碗中，放入黄姜粉、蒜末、盐、鸡粉。
3. 再加入料酒、胡椒粉，充分搅拌均匀。
4. 用竹扦依次将三色辣椒与牛肉交叉串起。
5. 烤盘内铺上锡纸，刷上食用油，放上牛肉串。
6. 备好烤箱，放入烤盘，温度调为 210℃，选定上下火加热，定时烤 15 分钟即可。

制作指导

掰蒜瓣、西芹丝、洋葱丝捏挤出汁，腌渍羊排时更易入味。

烤羊全排

材料 羊排 1000 克
洋葱丝 20 克
西芹丝 20 克
蒜瓣 5 克
迷迭香 10 克

调料 盐 8 克
蒙特利调料 10 克
橄榄油 30 毫升
鸡粉 3 克
生抽 10 毫升
黑胡椒碎适量

❷
⑤
❼
❽

做法

1. 在洗净的羊排前端切去羊皮与肉。

2. 将羊排骨头中间相连的肉切去。

3. 在羊排上端部分沿着骨头切开，并砍去骨头。

4. 将羊皮完全剔除，洗净，待用。

5. 将蒜瓣、西芹丝、洋葱丝用手捏挤片刻，把迷迭香揪碎，放在羊排上。

6. 加入适量黑胡椒碎，撒入适量盐、蒙特利调料。

7. 倒入生抽、橄榄油、鸡粉，用手抹匀，腌渍 6 小时。

8. 将腌好的羊排放入铺有锡纸的烤盘中。

9. 将烤箱温度调成上下火 250℃。

10. 把烤盘放入烤箱，烤 15 分钟。

11. 取出烤盘，将羊排翻面。

12. 再将烤盘放入烤箱，续烤 10 分钟。

13. 取出烤盘，将羊排翻面，入烤箱，再烤 5 分钟至熟。

制作指导

羊柳可以切得大
一点，这样吃起
来更有嚼劲。

法式烤羊柳

材料 羊柳 200 克

调料 蒙特利调料 10 克
法式黄芥末调味酱 10 克
鸡粉 3 克
橄榄油 10 毫升
食用油适量
白胡椒 3 克
黑胡椒粒 5 克

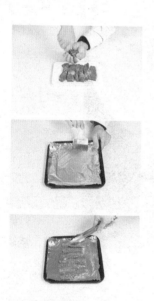

做法

1. 将羊柳切成长块，装入盘中。
2. 放入法式黄芥末调味酱，撒入鸡粉、白胡椒、蒙特利调料、黑胡椒粒，抹匀。
3. 再倒入适量橄榄油，腌渍 1 小时至其入味，备用。
4. 在铺有锡纸的烤盘上刷上适量食用油。
5. 放上已经腌渍入味的羊柳，备用。
6. 烤箱温度调成上下火同为 250℃，放入烤盘，烤 25 分钟至熟。
7. 取出烤好的羊柳即可。

❷
❹
❺
❻

蒜头烤羊肉

制作指导
蒜头切片后再放入羊肉中，能帮助羊肉更好地吸收蒜香。

材料 羊肉 200 克
蒜头 35 克

调料 盐 1 克
胡椒粉 1 克
生抽 5 毫升
料酒 5 毫升
芝麻油 5 毫升
蚝油 5 毫升
辣椒粉 40 克
烧烤料 40 克

做法

1. 洗净的羊肉切丁装碗，倒入蒜头。
2. 再放入辣椒粉、盐、生抽、料酒、适量芝麻油、烧烤料、蚝油，拌匀，腌渍 10 分钟。
3. 烤盘里放上锡纸，刷上适量芝麻油。
4. 均匀地放入腌好的羊肉，撒上胡椒粉。
5. 将烤盘放入烤箱，将上下火温度调至 200℃，烤 20 分钟至熟透。

新疆羊肉串

制作指导
羊肉丁的个头要切得均匀大小，成品才美观诱人。

材料 羊肉丁 180 克
洋葱粒 30 克
白芝麻 20 克

调料 盐 3 克
孜然粉少许
料酒 4 毫升
食用油适量
孜然粒 12 克
辣椒粉 15 克

做法

1. 羊肉丁装碗，倒入洋葱粒搅散，放入部分孜然粒和白芝麻拌匀。
2. 淋上料酒，加入盐、孜然粉、辣椒粉，注入少许食用油拌匀，腌渍待用。
3. 取数支竹签，串上腌好的羊肉，制成数串羊肉串生坯，待用。
4. 烤盘中铺好锡纸，刷上适量食用油，放上生坯。
5. 在生坯上涂上适量食用油，撒上余下的孜然粒和白芝麻。
6. 将烤盘推入预热好的烤箱中。
7. 关好箱门，将上下火温度调为 200℃，烤 12 分钟至熟。

制作指导

烤全鸡的初始温度比较高，故要先将烤箱预热好。

粤式烤全鸡

材料 整鸡 1 只
洋葱丝 40 克
蜂蜜 25 克
蒜头 20 克
葱段少许

调料 盐 4 克　　料酒 5 毫升
鸡粉 3 克　　白胡椒粉 2 克
五香粉 2 克　蚝油 3 克
生抽 8 毫升
老抽 4 毫升

⑥
⑦
⑧
⑨

做法

1. 处理好的鸡装于碗中，放入备好的洋葱丝、葱段、蒜头。
2. 加入盐、生抽、老抽、料酒、五香粉。
3. 再放入白胡椒粉、鸡粉、蚝油、蜂蜜。
4. 用手抓匀，腌渍 3 个小时至入味。
5. 再将洋葱丝、葱段、蒜头塞进鸡肚子里。
6. 用不锈钢烤架串起鸡，用固定夹将鸡夹住，待用。
7. 烤箱预热好，打开烤箱门，将烤架放入烤箱。
8. 关上烤箱门，将上火温度调为 200℃。
9. 功能开关上调至"转烧炉灯"。
10. 档位开关上调至"双管发热"。
11. 时间定为 40 分钟。
12. 待 40 分钟后，打开烤箱门，将烤架取下来。
13. 将烤好的鸡装入盘中即可。

烤春鸡

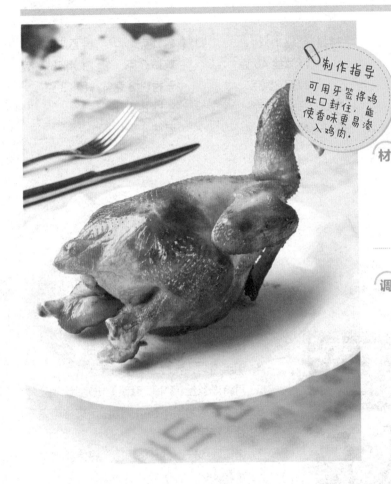

制作指导

可用牙签将鸡肚口封住，能使香味更易渗入鸡肉。

材料 春鸡 1 只
蒽段 5 克
蒜瓣 15 克
姜片 10 克

调料 盐 3 克
柱侯酱 5 克
鸡粉 3 克
烧烤粉 5 克
芝麻酱 5 克
花生酱 5 克
孜然粒 3 克
烧烤汁 5 毫升
辣椒油 少许

做法

1. 将适量盐、柱侯酱、鸡粉、芝麻酱、花生酱、烧烤粉、蒜瓣、姜片、蒽段、孜然粒放入洗净的春鸡肚中。

2. 在春鸡表面刷上烧烤汁、辣椒油，腌渍 2 小时至其入味后装入铺好锡纸的烤盘。

3. 将烤盘放入上下火温度为 250℃的烤箱里，烤 15 分钟至鸡皮呈金黄色。

4. 取出烤盘，翻面后续烤 15 分钟。

5. 取出烤盘，再次翻面，续烤 5 分钟至熟，取出装盘即可。

鸡肉卷

制作指导

腌渍鸡肉时可以加入适量干淀粉，能使其口感更嫩。

材料 火腿肠2根
黄瓜100克
鸡胸肉250克

调料 橄榄油5毫升
白胡椒粉5克
黑胡椒碎3克
盐3克
鸡粉5克
生抽3毫升
干淀粉少许
食用油适量

做法

1. 黄瓜切成细长条；火腿肠切4瓣。

2. 鸡胸肉切成薄片，撒上盐、白胡椒粉、黑胡椒碎、鸡粉拌匀，腌渍10分钟。

3. 在黄瓜、火腿上撒盐、鸡粉，抹匀，淋入橄榄油，拌匀，腌渍10分钟。

4. 把黄瓜、火腿放在鸡胸肉上，卷起，用牙签固定，用干淀粉将鸡肉卷两端粘住。

5. 在烤盘上刷上食用油，放上鸡肉卷。烤箱温度调成上下火250℃，放入烤盘，烤10分钟取出，再刷上生抽、食用油，续烤15分钟至熟即可。

在家学做人气菜

烤箱版鸡米花

制作指导
鸡脯肉可切成自己喜欢的大小，不过越大就需要烤越久。

材料 鸡蛋液 50 克
面包糠 90 克
鸡脯肉 180 克

调料 盐 1 克
鸡粉 1 克
料酒 5 毫升
干淀粉 65 克

做法

1. 切好的鸡脯肉装碗，加入盐、鸡粉、料酒、鸡蛋液拌匀，腌渍 10 分钟。
2. 将腌好的鸡肉块均匀地粘上干淀粉。
3. 鸡肉块粘匀鸡蛋液后，再裹匀面包糠。
4. 备好烤箱，取出烤盘，放入裹好材料的鸡肉块。
5. 将烤盘放入烤箱，关上箱门，将上下火温度调至 230℃，选择"双管发热"功能，烤 10 分钟至鸡米花熟透。

麻辣烤翅

制作指导

烤制鸡翅时可用洋葱垫底，烤出来味道更加香浓诱人。

材料 鸡翅 170 克

调料 盐 1 克
鸡粉 1 克
花椒粉 5 克
生抽 5 毫升
食用油适量
辣椒粉 40 克
蜂蜜 15 克
蒜汁 10 毫升
姜汁 10 毫升

做法

1. 洗净的鸡翅两面切上一字刀。

2. 将鸡翅装碗，倒入蒜汁和姜汁。

3. 加入盐、鸡粉、生抽、辣椒粉、花椒粉、食用油、蜂蜜，拌匀，腌渍 20 分钟至鸡翅完全入味。

4. 烤盘上刷一层油，放上鸡翅。

5. 将烤盘放入烤箱，将上下火温度调至 220℃，烤 20 分钟至熟透。

制作指导

鸡翅上可抹上些许柠檬汁，口感会更好。

酱烤鸡翅

材料 鸡翅 200 克

调料 生抽 5 毫升　　　OK 酱 30 克
黑胡椒粉 4 克　　孜然粉 20 克
盐适量
鸡粉适量
白兰地 10 毫升

做法

1. 取一个盘子，倒入处理好的鸡翅，加入盐、鸡粉。
2. 再放入孜然粉、OK 酱，淋上生抽、白兰地。
3. 撒黑胡椒粉，抓匀，腌渍 2 小时至入味。
4. 在烤盘内铺好锡纸，放鸡翅，推入烤箱。
5. 关上箱门，将上下火温度均调至160℃。
6. 选择"双管发热"图标，定时 30 分钟至烤熟。
7. 取出烤盘，将烤好的鸡翅装入装饰好的盘中即可。

②
③
④
⑦

制作指导

鸡腿肉也可以直接用带皮的鸡肉代替，操作会更简单。

香烤松花蛋鸡腿

材料 鸡腿 230 克
松花蛋 50 克

调料 烤肉汁 20 毫升
辣椒粉 7 克

① ② ③ ④

做法

1. 鸡腿切开，去骨取肉；松花蛋对半切开，改切成小瓣。

2. 备好一个碗，倒入鸡肉、辣椒粉、烤肉汁，拌匀，腌渍 10 分钟。

3. 铺好锡纸，摆放上鸡肉、松花蛋。

4. 用手将其卷成筒状。

5. 备好一个烤箱，打开箱门，将食材放入烤架上。

6. 关上箱门，将上下火温度调至 190℃，烤 15 分钟。

7. 待时间到打开箱门，将食材取出，打开锡纸就可以食用。

烤鸡肫串

制作指导

鸡肫不妨先用开水汆烫片刻，这样能去除异味，口感更佳。

材料 鸡肫 200 克

调料 盐 3 克
料酒 5 毫升
食用油适量
烧烤汁 20 毫升
孜然粉 10 克
辣椒粉 10 克

做法

1. 鸡肫切小块装碗，加入盐、料酒、烧烤汁、辣椒粉、孜然粉，拌匀，腌渍 20 分钟。

2. 将腌渍好的鸡肫用竹签串起来，放入盘中待用。

3. 往铺上锡纸的烤盘中刷上适量的食用油，摆放上鸡肫串。

4. 备好电烤箱，打开箱门，放入烤盘。

5. 关上箱门，将上下火温度调至 230℃，设为"双管发热"，时间设为 5 分钟，开始烤制。

6. 打开箱门，取出烤盘，将食材装盘即可。

烤鸡心

材料 鸡心 300 克

调料 料酒 4 毫升　孜然粉 10 克
生抽 5 毫升　辣椒粉 10 克
盐 2 克　　　胡椒粉 10 克
鸡粉 2 克
食用油适量

制作指导
腌渍鸡心时可多放点料酒，能更好地去腥。

做法

1. 鸡心对半切开，放入清水浸泡 30 分钟。
2. 将鸡心捞出装入碗中，淋入料酒、生抽。
3. 放入盐、鸡粉、辣椒粉、胡椒粉、孜然粉，拌匀。
4. 烤盘上铺上锡纸，刷上食用油，放入拌好的鸡心。
5. 备好烤箱，放入食材。
6. 关上烤箱门，温度调为 220℃，调上下火加热，定时烤 20 分钟。
7. 待时间到打开箱门，将烤盘取出即可。

烤鸡脆骨

材料 鸡脆骨 169 克
洋葱 37 克

调料 孜然粉 5 克　　盐 3 克
辣椒粉 5 克　　食用油适量
生抽 3 毫升
料酒适量

制作指导
不喜欢洋葱味道的人，可以适量地减少洋葱的用量。

做法

1. 处理好的洋葱切成丝，待用。
2. 将鸡脆骨、孜然粉、辣椒粉装入碗中，再加入生抽、料酒、盐，拌匀。
3. 烤盘里铺上锡纸，刷上食用油，撒上洋葱丝，倒入鸡脆骨，淋上食用油。
4. 备好烤箱，放入烤盘，温度调为 190℃，选定"双管加热"，定时烤 20 分钟。
5. 待时间到打开箱门，将烤盘取出。
6. 将烤好的鸡脆骨装入盘中即可。

制作指导
鸭腿腌渍的时候可以加入适量的水淀粉，鸭肉会更加嫩滑。

烤鸭腿

材料 鸭腿 220 克
生姜 7 克
十三香 10 克
葱段 7 克
花椒粒 10 克

调料 白糖 15 克
盐 3 克
料酒 5 毫升
生抽 5 毫升
老抽 3 毫升
食用油适量

做法

1. 沸水锅中倒入鸭腿，汆煮片刻至变色后，捞出装碗。

2. 往鸭腿中加入葱段、生姜、花椒粒、十三香。

3. 再加入白糖、盐、料酒、生抽、老抽，拌匀腌渍 2 个小时。

4. 备好一个烤盘，往烤盘上均匀刷上适量食用油，放入腌好的鸭腿。

5. 将烤盘装入烤箱，将上下火温度调至 220℃，时间设置为 35 分钟，开始烤制即可。

① ③ ④ ⑤

烤箱鸭翅

制作指导

汆煮鸭翅的时候可放入适量姜片或料酒，去腥效果更佳。

材料 鸭翅 170 克

调料 食用油适量
烤肉粉 40 克

做法

1. 沸水锅中倒入洗净的鸭翅，汆煮一会儿后捞出，沥干水分装碗，倒入烤肉粉腌渍 20 分钟。

2. 烤盘刷上食用油，放入腌好的鸭翅，再装入烤箱里。

3. 关好箱门，将上下火温度调至 200℃，烤 35 分钟至六七成熟。

4. 取出烤盘，将鸭翅翻面，续烤 20 分钟至熟透入味即可。

美味烤鸭肫

制作指导

盐、鱼露、生抽都含有咸味，可适当减少其用量。

材料 鸭肫 140 克

调料 盐 1 克
胡椒粉 1 克
花椒粉 2 克
孜然粉 2 克
生抽 5 毫升
鱼露 5 毫升
料酒 5 毫升
食用油适量

做法

1. 鸭肫切片装碗，加入盐、料酒、胡椒粉、花椒粉、孜然粉、鱼露、生抽、适量食用油，搅拌均匀，腌渍 10 分钟。

2. 烤盘铺上锡纸后，刷上一层食用油，放上腌好的鸭肫片，再放入烤箱中。

3. 关箱门，将上火温度调至 180℃，下火温度调至 200℃，烤 10 分钟至熟。

烤乳鸽

材料 乳鸽 1 只

调料 柱侯酱 10 克 　　橄榄油 10 毫升
　　　芝麻酱 10 克
　　　海鲜酱 10 克
　　　烧烤汁 8 毫升
　　　生抽 10 毫升

制作指导
淋上少许柠檬汁
或醋可使乳鸽的
皮肉更香脆，味
道更香。

做法

1. 将芝麻酱、柱侯酱、海鲜酱、烧烤汁放入洗净的乳鸽肚中。

2. 在乳鸽表面均匀地刷上适量生抽，腌渍 1 小时至入味。

3. 在铺有锡纸的烤盘上刷上适量橄榄油，放上乳鸽。

4. 烤箱温度调成上下火 250℃，放入烤盘烘烤 5 分钟。

5. 取出烤盘，在乳鸽上刷适量生抽，续烤 3 分钟至上色。

6. 取出烤盘，将乳鸽翻面，刷上适量橄榄油、生抽，续烤 5 分钟至熟即可。

烤鹌鹑

材料 鹌鹑 2 只
葱段 5 克
姜片 10 克
蒜瓣 15 克

调料 盐 5 克
生抽 10 毫升
烧烤粉 5 克
柱侯酱 3 克
花生酱 3 克
芝麻酱 3 克
辣椒粉 5 克
孜然粉 5 克
食用油适量

制作指导
第二次放入烤箱前，涂一层蜂蜜，可使肉质更加香脆。

做法

1. 锅中注水烧开，放姜片、蒜瓣、葱段，加生抽、盐，放鹌鹑煮 2 分钟，捞出。
2. 将部分的葱段、蒜瓣、姜片放入鹌鹑肚中，放入烧烤粉、柱侯酱、花生酱、芝麻酱。
3. 在鹌鹑表面撒上孜然粉、盐、辣椒粉，抹匀，淋入少许食用油，抹匀，待用。
4. 把鹌鹑放入铺有锡纸的烤盘中，将剩余的葱段、姜片、蒜瓣放在鹌鹑上，待用。
5. 烤箱温度调成上火 220℃、下火 230℃，放入烤盘，烤 15 分钟至鹌鹑表皮呈金黄色。
6. 取出烤盘，翻面，刷上食用油，续烤 5 分钟即可。

part5
花样百搭主食

精美可口的主食永远是餐桌上一道不可缺乏的靓丽风景线，

它不仅能够让我们填饱肚子，

更能为我们注入满满的能量。

本章节集合各大主食料理，

不仅有异国风味的焗饭与意大利面，

也有充满本土情怀的常见主食。

还在犹豫什么呢？赶紧与我一起品尝美味主食吧！

腐乳汁烤馒头片

制作指导
烤盘刷上厚厚的油，这样烤出来的馒头片才会外酥内软。

材料 馒头 150 克
熟白芝麻 30 克

调料 食用油适量
腐乳汁 60 克

做法

1. 烤盘铺上锡纸，放上切好的馒头片，两面刷上食用油、腐乳汁，撒上白芝麻，放入烤箱。

2. 关箱门，将上火温度调至180℃，选择"双管发热"功能，再将下火温度调至200℃，烤15分钟至馒头片熟。

3. 取出烤盘，将烤好的馒头片装入盘中。

烤小烧饼

材料 面粉 165 克
酵母粉 20 克
熟白芝麻 25 克
蛋液少许
葱花少许

调料 盐 2 克
食用油适量

制作指导
在面团中加入少许黑芝麻和面，这样烤出来的烧饼更香。

做法

1. 将面粉、酵母粉倒在案台上，用刮板开窝，分数次倒入清水，将材料混匀，搓成面团。

2. 大碗撒入面粉，放入揉好的面团，用保鲜膜封好，发酵 1 个小时，取出分成两个面团。

3. 取一个面团，擀成面皮，刷上食用油，撒上盐、葱花，卷成卷之后绕在一起。

4. 用擀面杖擀成饼状，剩余面团按照相同步骤操作，制成生坯。

5. 烤盘中放上锡纸，刷上食用油，放入生坯，将生坯两面分别刷上蛋液，撒上白芝麻，放入烤箱，关箱门，将上下火温度调至 180℃，烤 15 分钟至烧饼熟即可。

制作指导

洋葱和香菇可以撒上少许盐和黑胡椒粉，烤完的味道会更香。

鲜菇肉片汉堡

材料 生菜 75 克
猪瘦肉 90 克
洋葱 65 克
香菇 50 克
长条餐包 60 克

调料 盐 1 克
黑胡椒粉 5 克
料酒 5 毫升
生抽 5 毫升
食用油适量

③
⑦
⑩
⑬

做法

1. 将长条餐包用横刀切开。
2. 把洗净的香菇切成粗条。
3. 把洗好的洋葱、生菜切丝。
4. 将洗好的猪瘦肉切片装碗，加入盐、生抽、料酒、黑胡椒粉拌匀，腌渍 10 分钟。
5. 取出烤盘，铺上一层锡纸。
6. 在锡纸上用刷子刷上一层食用油。
7. 放入已经切好的香菇、洋葱和腌好的瘦肉片。
8. 将烤盘放入预热好的烤箱中。
9. 以上下火均为 180℃，烤 15 分钟至熟透入味。
10. 取出烤盘，将烤好的食材装盘，待用。
11. 取出切好的长条餐包，在一片餐包上放入生菜丝。
12. 再放入烤好的洋葱、香菇、肉片。
13. 最后放上另一片餐包即可。

法式蒜香面包片

② | ③ | ④ | ⑥

材料 法棍 85 克
黄油 30 克
蒜末 20 克
葱花 20 克

调料 食用油适量

做法

1. 将备好的法棍切成厚片，待用。

2. 热锅放入黄油，烧至融化，放入蒜末、葱花，炒香。

3. 将炒好的材料放入备好的碗中，即为酱汁。

4. 在备好的烤盘上铺上锡纸，刷上一层食用油，放上法棍片。

5. 把制好的酱汁刷在法棍上。

6. 将烤盘放入预热好的烤箱，以上下火均为 180℃，烤 10 分钟取出即可。

牛油果金枪鱼烤法棍

❶ ❷ ❸ ❺

材料 芝士碎 60 克
牛油果 145 克
罐头金枪鱼 45 克
法棍 85 克

调料 食用油适量

做法

1. 将法棍切成厚片；洗净的牛油果切开，去核，去皮，切块。
2. 将切好的牛油果放入捣罐里捣成泥。
3. 将牛油果泥装碗，放入罐头金枪鱼，搅拌均匀，待用。
4. 在备好的烤盘上铺上锡纸，刷上适量食用油。
5. 放入法棍，在法棍上铺上牛油果金枪鱼泥，撒上芝士碎。
6. 再放入预热好的烤箱，以上下火均为 190℃的温度烤 10 分钟即可。

海洋芝士焗意面

材料 意大利面 80 克　芹菜粒 7 克　扇贝肉 40 克
西蓝花 15 克　芝士片 1 片　椰奶 250 毫升
洋葱 30 克　去壳虾仁 20 克　黄油 10 克

制作指导
煮意面的时候也可以加一点盐，会更有嚼劲。

做法

1. 洗净的洋葱切成小块；洗净的西蓝花切成小朵，待用。
2. 沸水锅中倒入意面，盖上锅盖，用大火煮 5 分钟。
3. 揭盖，将煮好的意面捞出，放入盘中待用。
4. 热锅中放入黄油，加热至融化，倒入洋葱炒香，倒入椰奶、虾仁、扇贝肉、西蓝花煮沸；倒入意面，煮至熟软。
5. 将煮好的意面捞出放入碗中，铺上芝士片，撒上芹菜粒。
6. 打开烤箱门，将食材放入预热好的烤箱。
7. 以上下火均为 200℃的温度烤 5 分钟即可。

芝士焗咖喱意面

材料 意大利螺丝面 100 克
芝士片 1 片
香菇 50 克

调料 黑胡椒碎 3 克
盐 3 克
食用油适量
咖喱粉 1 克

制作指导
香菇应该先用水泡软，切的时候比较方便。

做法

1. 将洗净的香菇去蒂，切成条，待用。

2. 锅中注入适量清水煮沸，放入意面，搅拌一会儿，盖上锅盖，用大火煮 5 分钟后转小火续煮 10 分钟。

3. 揭开锅盖，将煮熟的意面捞起，沥干水分，待用。

4. 热锅注油烧热，放入咖喱粉、黑胡椒碎爆香，放入香菇、意面，加盐，翻炒出香味。

5. 在备好的烤盘上铺上锡纸，然后刷上一层食用油。

6. 将炒好的菜肴装入铺有锡纸的烤盘，再放上芝士片，放入预热好的烤箱，以上下火均为 200℃的温度烤 10 分钟即可。

制作指导

贝壳面不宜煮太久，否则会影响口感。

苹果紫薯焗贝壳面

材料 芝士 40 克
荷兰豆 40 克
贝壳面 160 克
苹果 100 克
去皮紫薯 90 克
黄油适量

调料 盐 3 克

做法

1. 将洗净的苹果去核，切片。
2. 把紫薯对半切开，切成片。
3. 沸水锅中加入适量盐，放入黄油，加热至融化。
4. 倒入贝壳面、荷兰豆，煮至熟软。
5. 将焯煮好的食材盛入盘中，待用。
6. 往盘中交错摆放上苹果片、紫薯片，铺上芝士，待用。
7. 将食材放入预热好的烤箱，以上下火均为 180℃ 的温度烤 10 分钟即可。

② ③ ④ ⑤

制作指导

煮意面的时候可以加一点盐，会更有嚼劲。

香肠焗意面

材料 意面 180 克
香肠 60 克
青椒 35 克
黄油 30 克
芝士碎 55 克
牛至叶 10 克

调料 盐 3 克
番茄酱 30 克

❶
❷
❸
❹

做法

1. 洗净的青椒切成圈；香肠切成两段，再对半切开，待用。
2. 锅中注入适量清水煮沸，放入意面，搅拌一会儿。
3. 盖上锅盖，煮至熟软，捞起，待用。
4. 将黄油、番茄酱、盐放入意面中，搅拌均匀。
5. 将拌好的意面放入铺好锡纸的烤盘中。
6. 在意面上依次围圈摆放香肠、青椒，均匀撒上芝士碎、牛至叶。
7. 将烤盘放入预热好的烤箱，以上下火均为 210℃的温度烤 15 分钟即可。

制作指导

饭团可以根据自己喜欢的形状或者适合的大小变换模样。

烤鱿鱼饭团

材料 圆白菜 95 克
冷米饭 150 克
洋葱 60 克
玉米粒 40 克
鱿鱼 90 克

调料 盐 1 克
黑胡椒粉 2 克
料酒 5 毫升
食用油适量

做法

1. 洗净的圆白菜切丝；洋葱切小块；鱿鱼切上十字花刀，再切粗条。
2. 用油起锅，倒入切好的洋葱，炒匀。
3. 放入洗净的玉米粒，炒匀。
4. 倒入切好的鱿鱼，炒香炒匀至鱿鱼微微卷起。
5. 加入料酒、盐、黑胡椒粉，拌炒均匀调味。
6. 关火后盛出炒好的菜肴，装盘待用。
7. 取适量米饭，用手稍稍压扁。
8. 放入炒好的食材，将其搓揉成饭团。
9. 将做好的饭团装入盘中，待用。
10. 用油起锅，放入饭团，煎约 1 分钟至底部微黄。
11. 关火后将煎好的饭团装盘。
12. 烤盘放上煎好的饭团，推入烤箱。
13. 关好箱门，以上下火均为 200℃的温度烤 10 分钟至熟透。
14. 取出烤好的饭团装盘，旁边放上切好的圆白菜，搭配食用即可。

❶
❸
❽
❿

烤五彩饭团

制作指导
加入适量的胡椒粉可使烤出的饭团更香。

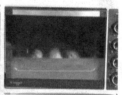

材料 冷米饭 140 克
黄彩椒丁 55 克
去皮胡萝卜丁 60 克
香菇丁 50 克
玉米火腿丁 45 克
葱花 20 克

调料 盐 1 克
鸡粉 1 克
食用油 10 毫升

做法

1. 取一空碗，倒入冷米饭。

2. 加入香菇丁、胡萝卜丁、葱花、玉米火腿丁、黄彩椒丁，拌匀。

3. 加入盐、鸡粉，淋入食用油，搅拌均匀。

4. 取适量搅拌均匀的材料，揉搓成饭团。

5. 备好烤箱，取出烤盘，放入饭团，推入预热好的烤箱。

6. 关箱门，以上火 220℃、下火 200℃的温度烤 5 分钟至饭团熟透。

三文鱼烤饭团

制作指导

用模型将饭团压形成自己喜欢的形状，会给制作带来特别的乐趣。

② | ③ | ④ | ⑤

材料 三文鱼 180 克
海苔片 4 张
熟米饭 100 克

调料 盐 2 克
黑胡椒适量
食用油适量

做法

1. 热锅注油烧热，放入三文鱼，煎至熟。

2. 将煎好的三文鱼剁碎，待用。

3. 取一个碗，放入鱼肉、米饭，加入盐、黑胡椒，搅拌匀。

4. 将拌好的食材捏制成饭团，再用备好的海苔将其卷起。

5. 在烤盘上铺上锡纸，刷上食用油，放入饭团。

6. 将烤盘放入预热好的烤箱，以上下火均为 210℃的温度烤 5 分钟。

腊肠焗饭

材料 腊肠丁 40 克
米饭 100 克
洋葱 50 克
胡萝卜 61 克
芝士片 1 片

调料 食用油适量

制作指导
米饭不要选用软烂的，会影响成品的外观和口感。

做法

1. 将处理好的洋葱切条，再切小丁；洗净的胡萝卜切丁。
2. 热锅注油烧热，放入洋葱条、胡萝卜丁、腊肠丁炒香。
3. 再放入米饭，快速翻炒均匀，注入少许清水，翻炒均匀。
4. 取备好的铺了锡纸的烤盘，装入炒好的米饭，铺上备好的芝士片。
5. 将烤盘放入预热好的烤箱，以上火 200℃、下火 150℃的温度烤 15 分钟即可。

芝士焗饭

材料 米饭 180 克
洋葱碎 15 克
胡萝卜碎 8 克
香肠粒 40 克
虾仁 60 克

芝士片 2 片
芝士丁适量

调料 鸡粉 2 克
盐 2 克
番茄酱适量
酸辣汁适量
橄榄油适量

制作指导
虾仁也可事先腌渍片刻，口感会更鲜嫩。

做法

1. 将处理好的虾仁切成小丁，待用。

2. 热锅倒入适量橄榄油烧热，放入香肠粒、虾仁，翻炒匀。

3. 加入洋葱碎、胡萝卜碎，快速翻炒出香味，放入鸡粉、盐，翻炒调味。

4. 倒入米饭，快速翻炒松散，倒入适量番茄酱、酸辣汁，翻炒至入味。

5. 将炒好的米饭盛出装盘，摆放上芝士丁，放上 2 片芝士片。

6. 再放入预热好的烤箱，以上火 200℃、下火 150℃的温度烤 10 分钟即可。

制作指导
海鲜的量可根据
个人喜好增减.

西班牙海鲜焗饭

材料 西红柿 55 克
去皮胡萝卜 40 克
黄瓜 45 克
培根 30 克
虾仁 50 克
熟米饭 100 克

芝士片 1 片
黄油 10 克
鱿鱼 20 克
玉米粒 20 克
芹菜粒 10 克

调料 盐少许
黑胡椒碎适量

❷
❸
❺
❼

做法

1. 洗净的西红柿、培根切片；胡萝卜、黄瓜切成丁；鱿鱼切小块。
2. 热锅倒入黄油，加热至融化，倒入培根炒香。
3. 倒入胡萝卜、黄瓜、玉米粒、熟米饭炒香。
4. 注入适量的清水，加入盐炒匀。
5. 将炒好的米饭盛入盘中，放上芝士片。
6. 摆上虾仁、鱿鱼、西红柿，撒上芹菜粒、黑胡椒碎。
7. 将食材放入预热好的烤箱，以上下火均为 200℃的温度烤 8 分钟即可。

焗烤蔬菜饭

材料 熟米饭 230 克　　玉米粒 40 克
去皮土豆 110 克　香草 1 克
大葱 20 克　　　芝士碎 20 克
红椒 20 克
青椒 20 克

调料 盐 3 克
食用油适量

做法

1. 洗净去皮的土豆切成丁；洗净的红椒、青椒去籽，切成丁。
2. 洗净的大葱对半切开，切成丁，待用。
3. 烤盘铺上锡纸，刷上一层食用油。
4. 铺上熟米饭，放上土豆、红椒、青椒、大葱、香草、盐、玉米粒、芝士碎。
5. 将烤盘放入预热好的烤箱，以上下火均为 200℃的温度烤 10 分钟。

❶
❷
❹
❺

牛肉咖喱焗饭

材料 牛肉 50 克
土豆 60 克
去皮胡萝卜 30 克
洋葱 30 克
熟米饭 100 克
芝士片 1 片

调料 食用油适量
盐 3 克
鸡粉 3 克
番茄酱 20 克
咖喱粉 10 克

制作指导
牛肉在切前可以用刀背拍松，口感会更嫩。

做法

1. 洗净的洋葱、牛肉切丁；洗净去皮的胡萝卜、土豆切成丁。

2. 热锅注入适量的食用油，倒入牛肉丁，炒至转色。

3. 倒入洋葱块、土豆、胡萝卜炒匀，再倒入咖喱粉炒匀。

4. 注入适量的清水，加盖，焖煮 2 分钟。

5. 揭盖，倒入米饭，加入盐、鸡粉炒匀，盛入碗中，铺上芝士片、淋上番茄酱。

6. 将食材放入预热好的烤箱，以上下火均为 200℃的温度烤 8 分钟即可。

菠萝海鲜饭

材料 去皮菠萝 60 克　鸡蛋液 45 克
带子肉 40 克　腰果 15 克
熟米饭 70 克
青豆 40 克

调料 盐 3 克
料酒 5 毫升
食用油适量
咖喱粉 10 克

制作指导
带子腌渍的时候可以加入适量的五香粉，这样口感会更好。

做法

1. 菠萝去梗部，切成块，待用。

2. 往处理好的带子肉中加入盐、料酒，拌匀，腌渍 10 分钟。

3. 热锅注油，倒入带子，翻炒片刻至熟软，盛入碗中待用。

4. 热锅中注油，倒入鸡蛋液，炒制片刻，盛入碗中待用。

5. 热锅注油，倒入青豆炒匀。

6. 倒入熟米饭、菠萝、带子、鸡蛋皮、咖喱粉炒匀，加入盐，炒匀入味，

7. 将炒好的食材装入铺好锡纸的烤盘中，撒上腰果。

8. 将烤盘放入预热好的烤箱，以上下火均为 200℃的温度烤 8 分钟即可。

制作指导
食材不宜炒制过
久，炒匀即可，
不然烤制后海鲜
的口感会太老

番茄酱海鲜饭

材料 米饭 170 克
鱿鱼 85 克
煮熟的蛤蜊 120 克
虾仁 80 克
西红柿 110 克

芝士碎 25 克
蒜末少许

调料 盐 1 克
鸡粉 1 克
食用油适量
番茄酱 40 克

❸
❺
❽
⓫

做法

1. 洗净的鱿鱼切圈，待用。
2. 洗净的虾仁背部切开，取出虾线，装盘待用。
3. 洗好的西红柿切块，待用。
4. 用油起锅，倒入蒜末，爆香。
5. 放入处理干净的虾仁，炒匀。
6. 倒入切好的鱿鱼，放入煮熟的蛤蜊，炒香、炒均匀。
7. 放入切好的西红柿，炒匀，加入番茄酱翻炒均匀。
8. 倒入米饭，压散，翻炒约 1 分钟至食材微熟。
9. 加入盐、鸡粉，炒匀调味。
10. 关火，盛出炒好的海鲜饭，待用。
11. 烤盘放上锡纸，均匀放上海鲜饭，撒上芝士碎。
12. 将烤盘放入预热好的烤箱中下层。
13. 关好箱门，以上火 180℃ 的温度烤 15 分钟，至海鲜饭熟软入味即可。

制作指导

炒全菜时不需要完全炒熟，炒至入味上色、融合均匀即可。

鱿鱼筒烤饭

材料 鱿鱼筒 40 克
米饭 100 克
青椒 20 克
胡萝卜 10 克

调料 食用油适量
海鲜酱 30 克

②
④
⑦
⑬

做法

1. 洗净的青椒切开切丝，再细细切碎。
2. 洗净去皮的胡萝卜切片，切丝，再切碎。
3. 热锅注油烧热，放入胡萝卜、青椒，翻炒香。
4. 倒入米饭，快速翻炒松散。
5. 加入海鲜酱，翻炒调味。
6. 将炒好的米饭盛出装入盘中，待用。
7. 炒好的米饭装入鱿鱼筒中。
8. 烤盘上铺上锡纸，刷上食用油。
9. 放入鱿鱼筒，再均匀地刷上海鲜酱。
10. 备好烤箱，将烤盘放入。
11. 关上门，温度调为 200℃，选定上下管加热，烤 15 分钟至熟。
12. 待时间到打开烤箱门，取出烤盘。
13. 将烤好的鱿鱼饭卷切成段，装盘即可。

制作指导

可根据个人喜好，在鸡腿肉中加入其他蔬菜或水果。

烤糯米鸡腿卷

材料 鸡腿 280 克
糯米饭 140 克
水发香菇 15 克
去皮胡萝卜 30 克
榨菜 40 克

姜末 7 克
蒜末 7 克

调料 盐 3 克
鸡粉 3 克
料酒 3 毫升
生抽 3 毫升

做法

1. 洗净去皮的胡萝卜切成粒；备好的榨菜切成粒。

2. 将泡发好的香菇去蒂，切碎；洗净的鸡腿去骨，片开。

3. 将鸡腿肉装入碗中，放入盐、鸡粉、料酒、姜末、蒜末、生抽，拌匀，待用。

4. 另取一碗，放入糯米饭、榨菜、香菇、胡萝卜拌匀，制成辅料。

5. 取备好的锡纸，铺上鸡腿肉，放上辅料。

6. 将锡纸卷起来，包好。

7. 将食材放入预热好的烤箱，以上下火均为 200℃ 的温度烤 20 分钟即可。

❷
❸
❺
❼

制作指导

培根可烤得稍微焦一点，这样味道会更好。

串烤培根辣年糕

材料 培根 70 克
年糕 80 克
蒜末 10 克
奶酪碎 10 克
熟白芝麻 5 克

调料 盐 3 克
食用油适量
番茄酱 20 克
韩式辣椒酱 20 克

做法

1. 沸水锅中倒入年糕，焯煮片刻捞出，放入盘中待用。

2. 碗中放入韩式辣椒酱、番茄酱、蒜末、熟白芝麻、盐、食用油，拌匀，制成酱汁。

3. 将年糕放在培根上，卷起来，再用竹扦串成串。

4. 烤盘中刷上适量的食用油，放上做好的培根年糕串，涂上酱汁，撒上奶酪碎。

5. 将烤盘放入预热好的烤箱，以上下火均为 180℃的温度烤 10 分钟即可。

❶
❷
❸
❹

鸡肉烤年糕

材料 圆白菜 20 克　鸡腿 120 克
洋葱 20 克　年糕 40 克
胡萝卜 30 克
红椒 20 克

调料 食用油适量
白糖少许
韩式辣椒酱 20 克

制作指导
可以尝试以新鲜的罗勒叶替换洋葱，会有别样的风味。

做法

1. 将处理干净的圆白菜、洋葱切成丝；处理好的红椒切丁；洗净去皮的胡萝卜切成片。

2. 备好的鸡腿去骨，在鸡肉上划上花刀。

3. 鸡腿肉装入碗中，放入韩式辣椒酱。

4. 注入少许清水，放入白糖，搅拌至入味。

5. 在铺了锡纸的烤盘上刷上食用油，放入洋葱、圆白菜、红椒、胡萝卜、年糕。

6. 放入腌渍好的鸡腿肉，淋上酱汁。

7. 将烤盘放入预热好的烤箱，以上下火均为 200℃的温度烤 25 分钟。

脆皮烤年糕

材料 年糕 50 克
馄饨皮 50 克
蛋黄 2 个
白芝麻 10 克

调料 食用油适量

制作指导
抹蛋黄液的时候要细致，将接口封紧，以免年糕外露。

 做法

1. 蛋黄加入少许清水，制成蛋黄液。

2. 将年糕放入馄饨皮中，卷起来，再抹上蛋黄液，将接口粘起来。

3. 将蛋黄液再涂抹在年糕上，撒上白芝麻。

4. 烤盘上铺上锡纸，刷上食用油，放入年糕。

5. 将烤盘放入预热好的烤箱，以上下火均为 170℃的温度烤 15 分钟。

6. 待时间到打开箱门，将烤盘取出，把烤好的年糕装入盘中即可。

香烤糯米鱿鱼筒

制作指导
烤制的时间不宜太长，以15分钟为宜，以免烤焦。

材料 糯米饭 200 克
鱿鱼筒 70 克
玉米粒 40 克
胡萝卜丁 45 克
香菇丁 30 克
芹菜碎 30 克

调料 盐 3 克
食用油适量
蚝油 6 克
胡辣粉 5 克

做法

1. 热锅注油，倒入胡萝卜丁、玉米粒、香菇丁炒香，将炒好的食材盛入碗中。

2. 碗中倒入芹菜碎，加入盐，倒入糯米饭，拌匀，制成馅料，待用。

3. 往蚝油中倒入胡辣粉、食用油，拌匀制成酱汁，待用。

4. 将糯米饭馅料填充到鱿鱼筒中。

5. 往铺上锡纸的烤盘中刷上适量的食用油，放上鱿鱼筒，刷上做好的酱汁。

6. 将烤盘放入预热好的烤箱，以上下火均为 200℃的温度烤 15 分钟即可。

培根蛋杯

制作指导

培根和鸡蛋的烤制时间可以按照个人喜好的口味去增减。

材料 鸡蛋 3 个
芝士碎 30 克
培根 15 克
红椒粒 20 克
香菜碎 15 克
全麦面包 18 克

做法

1. 将全麦面包对半切开；备好的培根对半切开，待用。

2. 蛋糕模具中依次放上培根、面包、鸡蛋、芝士碎、红椒粒、香菜碎，待用。

3. 将模具放在铺有锡纸的烤盘中。

4. 将烤盘放入预热好的烤箱。

5. 以上下火均为 200℃的温度烤 20 分钟即可。

part6
简易烘焙小点

说到烤箱之宗，当属花样百出的甜蜜烘焙。
简单的原料在烤箱神奇的魔法之下，
瞬间化作一道道香酥可口的西点。
本章节带你体验暖心烘焙的浪漫风暴，
玲珑的手作饼干与酥饼、松软的面包与蛋糕，
都在等待你的大驾光临！

蒜香吐司条

制作指导

法棍也可以直接用吐司片切条代替。

材料 法棍半根
大蒜 4 瓣
法香适量
黄油 10 克

调料 盐 1 克

做法

1. 黄油室温软化（提前从冰箱里面拿出来）；法棍斜切成大约 3 厘米厚的斜片。

2. 法香洗干净切碎；大蒜用刀切成碎末。

3. 烤箱以 180℃预热；将蒜末、法香碎、黄油、盐搅拌，均匀涂抹在法棍片表面。

4. 将法棍片放在烤盘上，进烤箱以 180℃的温度烘烤 10 分钟，取出即可。

美式巧克力豆饼干

制作指导
饼干的厚度要一致.

材料 黄油 120 克
低筋面粉 170 克
杏仁粉 50 克
可可粉 30 克
鸡蛋 1 个
巧克力豆适量

调料 盐 1 克
糖粉 15 克
细砂糖 35 克

做法

1. 将备好的黄油装入大碗中，室温软化，加入盐、糖粉，用电动搅拌器混合均匀。
2. 分两次加入细砂糖，混合均匀；鸡蛋分两次加入，每次混合均匀。
3. 将低筋面粉、杏仁粉、可可粉混合过筛，分两次加入。
4. 每次用刮刀切拌混合均匀，直到看不见干粉。
5. 再倒入巧克力豆拌匀，和成面团，成形即可，不要过度搅拌。
6. 烤盘铺上锡纸，把面团平均分成 17 克重量的小团，搓圆，放在烤盘上，再用手掌稍微压平。
7. 将烤盘放入烤箱，以上火、下火均 170℃的温度烤 20 分钟至熟，取出即可。

香蕉玛芬

制作指导

加入过筛后的面粉后，切记不可太过用力和长时间搅拌。

❶　❹　❻　❼

材料 低筋面粉 100 克
鸡蛋 30 克
牛奶 65 毫升
香蕉 120 克
泡打粉 5 克

调料 白糖 20 克
红糖 20 克
玉米油 30 毫升

做法

1. 香蕉去皮压成颗粒状或者泥状。

2. 鸡蛋打散，再加入牛奶，轻轻的搅拌均匀。

3. 加入适量玉米油，倒入适量白糖、红糖，搅拌均匀。

4. 加入到压好的香蕉泥里搅拌均匀。

5. 将低筋面粉、泡打粉混合过筛至拌好的香蕉泥中，轻轻的搅拌均匀。

6. 将玛芬杯放入烤盘，将搅拌好的面糊装入玛芬杯，八分满即可。

7. 在面糊表面盖上香蕉片。

8. 烤箱提前预热到 170℃，放入烤盘烤 30 分钟，烤至蛋糕上色，膨胀开裂即可。

瓜子仁脆饼

② ③ ④ ⑦

材料 蛋清 80 克
低筋面粉 40 克
瓜子 100 克
奶油 25 克
奶粉 10 克

调料 细砂糖 50 克

做法

1. 把蛋清、细砂糖倒在一起，中速打至砂糖完全溶化。

2. 加入低筋面粉，放入适量瓜子、奶粉，拌匀至无粉粒。

3. 加入熔化的奶油，完全拌匀成饼干糊。

4. 将拌好的饼干糊倒在铺有高温布的烤箱铁架上。

5. 利用刮板抹至厚薄均匀。

6. 将烤箱铁架放入烤箱，以上下火 150℃ 的温度烤 15 分钟，烤干表面取出。

7. 在案台上将整张脆饼分切成长方形后，再次放入烤箱继续烘烤。

8. 烤 8 分钟至脆饼完全熟透，两面呈金黄色，取出冷却即可。

制作指导
蛋白一定要打发
至于性发泡为止。

手指饼干

材料 低筋面粉 60 克
鸡蛋 1 个

调料 细砂糖 37 克

做法

1. 将备好的低筋面粉过筛，备用。
2. 分离蛋清和蛋黄。
3. 将 27 克细砂糖分三次加入蛋清打发至干性发泡。
4. 蛋黄加剩余细砂糖打发至发白浓稠状。
5. 将打好的蛋白和蛋黄混合均匀。
6. 加入面粉，翻拌均匀至看不见干粉，制成饼干浆。
7. 将饼干浆装入裱花袋中，在铺有油纸的烤盘上挤出大小均匀的长条。
8. 将烤盘放入预热好的烤箱中层，温度设置为 160℃，烤 25 分钟，至表面金黄即可。

② ④ ⑤ ⑦

制作指导

面团最好大小一致，这样才能受热均匀。

椰蓉蛋酥饼干

材料 低筋面粉150克
奶粉20克
鸡蛋4克
黄油125克
椰蓉50克

调料 盐2克
细砂糖60克

❷
③
⑤
❼

做法

1. 将低筋面粉、奶粉搅拌片刻，在中间掏一个窝。

2. 加入备好的细砂糖、盐、鸡蛋，在中间搅拌均匀。

3. 倒入黄油，将四周的粉覆盖上去，一边翻搅一边按压至面团均匀平滑。

4. 取适量面团揉成圆形，在外圈均匀粘上椰蓉。

5. 再放入烤盘，轻轻压成饼状；将面团依次制成饼干生坯。

6. 将烤盘放入烤箱里，调成上火温度180℃、下火温度150℃，时间设定为15分钟，烤制定形。

7. 待15分钟后，关火，戴上隔热手套将烤盘取出。

8. 待饼干放凉后将其装入盘中即可。

在家学做人气西点店招牌

浓咖啡意大利脆饼

制作指导
制作此西饼时，可将杏仁碾碎后再使用，这样成品的口感更好。

❷ ❸ ❻ ❾

材料 低筋面粉 100 克
杏仁 35 克
鸡蛋 1 个
黄油 40 克
泡打粉 3 克
咖啡液 8 毫升

调料 细砂糖 60 克

做法

1. 将低筋面粉倒在案板上，撒上泡打粉，拌匀，开窝。

2. 倒入细砂糖和鸡蛋，搅散蛋黄。

3. 再注入备好的咖啡液，加入黄油，慢慢搅拌一会儿，再揉搓匀。

4. 撒上杏仁，用力地揉一会儿，至材料成纯滑的面团，静置一会儿，待用。

5. 取面团，搓成椭圆柱，分成数个剂子。

6. 烤盘上铺上一张大小合适的油纸，摆上剂子，平整地按压几下，呈椭圆形生坯。

7. 烤箱预热，放入烤盘。

8. 关好烤箱门，以上火、下火均为 180℃的温度烤约 20 分钟，至食材熟透。

9. 断电后取出烤盘，最后把成品摆放在盘中即可。

北海道戚风蛋糕

❷ ❹ ❻ ❼

材料 低筋面粉 85 克　牛奶 180 毫升　　**调料** 细砂糖 140 克
　　　泡打粉 2 克　　　玉米淀粉 7 克　　　　　色拉油 40 毫升
　　　蛋黄 75 克　　　　奶油 7 克
　　　蛋白 150 克　　　淡奶油 100 克
　　　塔塔粉 2 克
　　　鸡蛋 1 个

做法

1. 将 25 克细砂糖、蛋黄倒入容器中，搅拌均匀。

2. 加入 75 克低筋面粉、泡打粉，拌匀。

3. 倒入 30 毫升牛奶，拌匀，倒入色拉油，拌匀，制成蛋黄部分，待用。

4. 再准备一个容器，加入 90 克细砂糖、蛋白、塔塔粉，拌匀，制成蛋白部分，用
   刮板刮入蛋黄部分中，拌匀。

5. 另备一个容器，倒入鸡蛋、30 克细砂糖，打发起泡。

6. 再加入 10 克低筋面粉、玉米淀粉，倒入奶油、淡奶油、150 毫升牛奶，拌匀制
   成馅料，待用。

7. 将拌好的蛋糕浆刮入蛋糕纸杯中，约至六分满即可。

8. 将蛋糕纸杯放入烤盘中，再将烤盘放入烤箱中，关上烤箱，以上火 180℃、下火
   160℃的温度烤约 15 分钟至熟。

9. 取出烤盘，将拌好的馅料装入裱花袋中，压匀后用剪刀剪去约 1 厘米，把馅料挤
   在蛋糕表面即可。

香草蛋糕

材料 蛋黄 4 个
低筋面粉 65 克
纯牛奶 40 毫升
香草粉 5 克
蛋白 4 个
塔塔粉 3 克
鲜奶油 150 克

调料 细砂糖 80 克
色拉油 40 毫升

做法

1. 将纯牛奶、低筋面粉倒入大碗中，搅拌均匀，倒入色拉油，拌匀。

2. 放入香草粉、20 克细砂糖，搅拌均匀，加入蛋黄，快速搅拌均匀，即成蛋黄部分。

3. 将蛋白、60 克细砂糖放入大碗中，打发至起泡，放入塔塔粉，继续打发，制成蛋白部分。

4. 将适量蛋白部分倒入装有蛋黄部分的碗中，搅拌均匀，再倒入剩余的蛋白部分，搅拌均匀，制成面糊。

5. 在烤盘上铺一张烘焙纸，用剪刀在烘焙纸四角以对角的方向各剪一刀，将面糊倒入烤盘中，抹匀。

6. 把烤箱温度调成上火 160℃、下火 160℃，预热好后，将烤盘放入烤箱。

7. 烤约 18 分钟至熟，取出，把烤盘倒扣在白纸上，撕去烘焙纸。

8. 再倒入打发的鲜奶油，抹匀，用木棍将白纸卷起，卷成卷。

9. 打开白纸，将蛋糕两端切齐整，再切成两等份即可。

在家学做蛋糕

枕头戚风蛋糕

材料 低筋面粉 70 克
玉米淀粉 55 克
泡打粉 5 克
蛋黄 4 个
蛋清 4 个

调料 清水 70 毫升
色拉油 55 毫升
细砂糖 125 克

做法

❷
❻
❼
❽

1. 将蛋黄倒入玻璃碗，筛入低筋面粉、玉米淀粉、2 克泡打粉，用搅拌器拌匀。

2. 再倒入清水、色拉油，搅拌均匀，至无细粒即可。

3. 加入 28 克细砂糖，搅拌均匀，至无颗粒即可。

4. 将蛋清倒入玻璃碗，用电动搅拌器打至起泡。

5. 倒入 97 克细砂糖，搅拌均匀。

6. 将 3 克泡打粉倒入碗中，打发至其呈鸡尾状。

7. 用长柄刮板将适量蛋清糊倒入装有蛋黄的玻璃碗中，搅拌均匀。

8. 再将拌好的蛋黄糊倒入剩余的蛋清糊中，搅拌均匀，制成面糊。

9. 用长柄刮板将面糊倒入模具中。

10. 将模具放入烤盘，再放入预热好的烤箱中层。

11. 以上火 180℃、下火 160℃的温度烤25 分钟至呈金黄色。

12. 取出烤好的蛋糕，借助小刀，将蛋糕脱模即可。

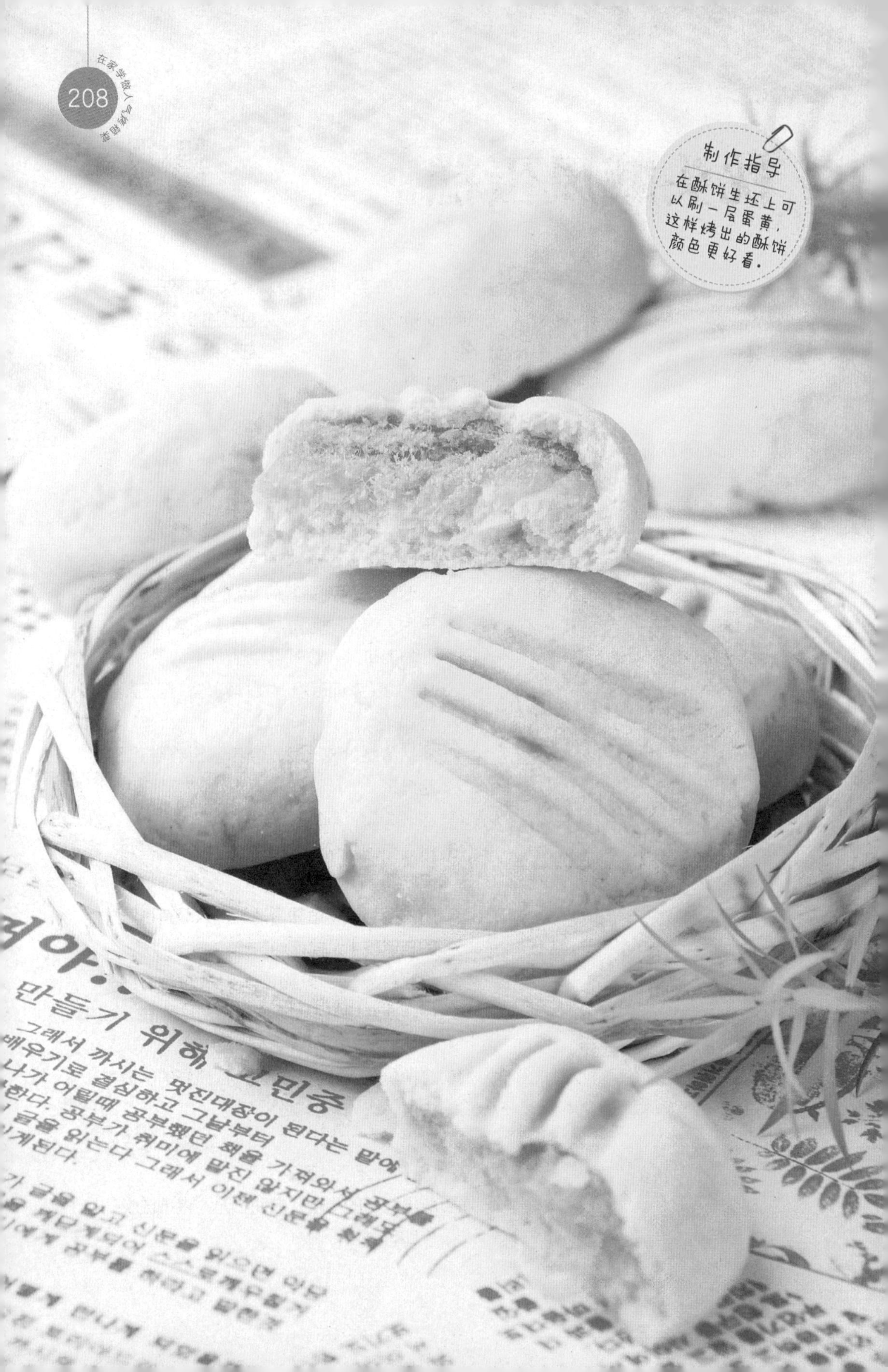

制作指导

在酥饼生坯上可以刷一层蛋黄，这样烤出的酥饼颜色更好看。

迷你肉松酥饼

材料 低筋面粉 100 克
蛋黄 20 克
黄油 50 克
肉松 20 克

调料 糖粉 40 克

做法

1. 把低筋面粉倒在案台上，用刮板开窝。
2. 倒入蛋黄、糖粉，刮匀；加入黄油，刮入低筋面粉。
3. 将材料混合均匀，揉搓成光滑的面团，再把面团搓成长条状。
4. 用刮板将面团切成数个小剂子。
5. 用手把小剂子捏成饼状，放入适量肉松，收紧坯口，揉成小球，制成酥饼坯。
6. 将饼坯放入铺有高温布的烤盘，用叉子按压酥饼坯，压出花纹。
7. 将烤盘放入烤箱中层，以上下火均为170℃的温度烤15分钟至熟。

蛋黄饼

❶ ❷ ❺ ❼

材料 蛋黄 30 克
低筋面粉 190 克
蛋黄液 15 克
黄油 140 克
裱花袋 1 个
竹签少许
高温布适量

调料 糖粉 75 克
清水 10 毫升

做法

1. 把低筋面粉倒在案台上，用刮板开窝。

2. 倒入糖粉、蛋黄，用刮板搅散。

3. 加入黄油，刮入周边材料，混合均匀。

4. 加入清水，继续揉搓，搓成光滑的面团。

5. 把搓好的面团放入裱花袋中，挤进垫有高温布的烤盘，逐个刷上蛋黄液。

6. 用竹签在生坯上划上条形花纹。

7. 再放入预热好的烤箱，以上火 170℃、下火 175℃的温度烤 20 分钟至熟。

杏仁瓦片

制作指导
烤得颜色较深的地方味道会微苦，可将其去掉，以免破坏口感。

材料 鸡蛋 1 个
低筋面粉 50 克
杏仁片 180 克
蛋清 100 克
黄油 40 克

调料 细砂糖 110 克

做法

1. 将黄油隔水加热，搅拌至融化，待用。

2. 依次将蛋清、鸡蛋、细砂糖倒入玻璃碗，用电动搅拌器拌匀。

3. 加入融化的黄油，搅拌均匀。

4. 再倒入低筋面粉，快速搅拌均匀。

5. 倒入杏仁片，搅拌均匀，制成杏仁糊，静置 3 分钟。

6. 取铺有锡纸的烤盘，倒入 4 份杏仁糊，用叉子压平。

7. 将烤盘放入预热好的烤箱，以上下火均为 170℃的温度烤约 10 分钟至熟。

制作指导

可根据个人喜好，适量增减白糖的用量。

砂糖饼干

材料 低筋面粉 125 克
黄油 75 克
牛奶 15 毫升

调料 盐 1 克
白糖 12 克

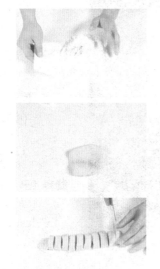

做法

1. 把低筋面粉倒在案台上，用刮板开窝。
2. 倒入牛奶、白糖、黄油、盐，搅拌匀。
3. 将材料混合均匀，揉搓成光滑的面团，并搓成条状。
4. 在案台上撒上白糖，将面团均匀地粘上白糖。
5. 用刀把面团切成数个大小相近的饼坯。
6. 把切好的饼坯均匀地放入烤盘。
7. 将烤盘放入烤箱，以上下火均为 170℃ 的温度烤 15 分钟至熟即可。

❷
❸
❺
❻

葡式蛋挞

制作指导
开火后要不断搅拌，以免细砂糖煳锅。

材料 牛奶 100 毫升
鲜奶油 100 克
蛋黄 30 克
蛋挞皮适量

调料 细砂糖 5 克
炼奶 5 克
吉士粉 3 克

做法

1. 奶锅置于火上，倒入牛奶，加入细砂糖，开小火，加热至细砂糖全部溶化，拌匀。

2. 倒入鲜奶油，煮至溶化，加入炼奶，拌匀。

3. 倒入吉士粉，拌匀。

4. 倒入蛋黄，搅拌均匀，关火待用。

5. 用过滤网将蛋液过滤一次，再倒入容器中，用过滤网将蛋液再过滤一次。

6. 将蛋挞皮放入烤盘，把搅拌好的材料倒入蛋挞皮中，约八分满即可。

7. 将烤盘放入烤箱中，以上火 150℃、下火 160℃的温度烤约 10 分钟至熟。

8. 取出烤好的葡式蛋挞，待稍微放凉后食用即可。